儿童性格密码

觉先 / 编著

中国华侨出版社

北 京

图书在版编目（CIP）数据

儿童性格密码／觉先编著．—北京：中国华侨出版社，
2020.1

ISBN 978-7-5113-8057-9

Ⅰ．①儿… Ⅱ．①觉… Ⅲ．①性格—儿童心理学
Ⅳ．①B844.1

中国版本图书馆 CIP 数据核字（2019）第 221285 号

儿童性格密码

编　　著／觉　先

策　　划／左　岸

责任编辑／刘雪涛

责任校对／王京燕

封面设计／胡椒设计

经　　销／新华书店

开　　本／710 毫米×1000 毫米　1/16　印张／14　字数／171 千字

印　　刷／三河市华润印刷有限公司

版　　次／2020 年 2 月第 1 版　2020 年 2 月第 1 次印刷

书　　号／ISBN 978-7-5113-8057-9

定　　价／42.00 元

中国华侨出版社　北京市朝阳区西坝河东里 77 号楼 1 层底商 5 号　邮编：100028
法律顾问：陈鹰律师事务所

编辑部：（010）64443056　64443979

发行部：（010）64443051　传真：（010）64439708

网　　址：www.oveaschin.com

E - mail：oveaschin@sina.com

前言

自古以来，"望子成龙，望女成凤"是每一位父母的殷切希望。为了把孩子培养成才，父母不惜倾注全部心血。而在影响孩子成长的诸多因素中，性格起着举足轻重的作用。这正如英国伟大的作家狄更斯所说："一种健全的性格比一百种智慧都更有力量。"

所谓性格就是每个人对待事物的态度和惯常的行为方式。由于每个人的智力水平、对待事物的态度及行为方式不同，其性格亦不同。每个孩子的性格特质中，既有积极的一面，也有消极的一面。作为父母，要懂得如何挖掘出孩子的潜能，做到扬长避短。

有教育专家指出，孩子的性格培养比知识的获取更加重要，因为幼儿时期缺乏的知识可以弥补回来，但孩子性格定型以后则很难改变。曾经有一项调查研究表明，在孩子的成长过程中，父母最关注的是学习成绩、智力发展和性格这三项。在这三项中，最让家长头疼的就是孩子的性格问题，因为性格可以直接影响到其他两项的发展。由此可见，性格对于孩子的成长有巨大的影响。

也许，有人认为孩子的性格是天生的，后天很难改变。事实上，只要父母选择了正确的教育方法，悉心培养，也一样可以让孩子拥有良好的性格。

本书从孩子的性格特点、不同性格的表现、父母教养方式及孩子心理等方面出发，将理论与实践相结合，帮助父母正确认识、了解孩子的性格，并正确对待孩子成长中出现的各种问题，相信对孩子的成长具有一定的指导作用。

目录

第一章
各人各性：性格影响孩子的一生

一般来讲，积极的性格往往会收获进取的人生，而消极的性格可能会对孩子的一生产生负面影响。作为父母，要了解孩子的性格、把握孩子的心理，然后给予适当的引导、支持、陪伴，让孩子健康成长，拥有一个好性格。

性格培养比知识的获取更重要

古往今来，太多事例告诉我们这样一个道理："性格决定命运，细节决定成败。"爱因斯坦曾指出："优秀的性格和钢铁般的意志比智慧和博学更为重要。智力上的成就在很大程度上依赖于性格的伟大，这一点往往超出人们通常的认识。"由此可见，性格对于一个人的作用是巨大的。

毋庸置疑，性格影响着孩子的未来，一个人有什么样的性格就会有什么样的人生。这正如英国伟大的作家狄更斯所说："一种健全的性格比一百种智慧都更有力量。"因此，在孩子成长的过程中，除了培养他的智力以外，还要着重培养他的性格。这不仅是每一位家长的重要职责，也是家庭教育中最应重视的部分。

然而，据调查表明，现代社会家长最关心的是孩子的学习成绩和智力发展，可是最让家长头疼着急的却是孩子的行为和性格问题。许多父母最开始忽略了对孩子性格的培养，而等到孩子身上出现了"孤僻、焦虑、逆反、反社会人格"等行为及心理问题时，才后悔莫及。以下便是最好的例证：

2015 年 12 月，湖南邵东县发生一起命案，邵东县创新实验学校高三 97 班班主任滕某在办公室约谈学生龙某及其家长时，被龙某持水果刀杀害。

据龙某的同学反映，龙某性格内向，喜欢独来独往，平时喜欢看小说，不善于人际交往。

又比如：南京某中学女生患抑郁症自缢身亡，据了解，这名女生长期患有抑郁症，一直在靠药物治疗。在自杀前，她曾在微博留下遗言，"我有抑郁症，所以就去死一死，大家不必在意我的离开"。

近年来，中小学生离家出走、自杀、杀同学或老师的新闻频频出现，究其原因，和家长忽视孩子性格培养，忽略孩子心理健康有着莫大的关联。假如家长从小就注重孩子性格的培养，关注孩子的心理变化，那么很多悲剧都可以避免。

在孩子的成长过程中，家长若不注重对孩子的性格培养，导致孩子抗挫折能力太低，遇到困难就容易走上极端。试想一下，还没走出校园就这样，步入社会还有更严酷的竞争在等着他们，到时不知又有多少鲜活的生命因承受不住压力而陨落。因此，作为父母，在培养孩子智力的同时，也需要花些心思去培养孩子的性格。

其实，孩子在成长过程中，养成良好的性格比获取知识更加重要，知识通过努力可以弥补回来，孩子的性格一旦形成，就很难改变。因此，家长应该调整好自己的心态，用一颗平常心看待孩子的成绩，更不要将此作为评价孩子是否优秀的唯一标准。同时，家长还应该在培养孩子顽强的性格和健康的心理方面多下功夫，这对孩子未来的发展尤为重要。

人的性格渗透于行为的方方面面，同时也影响生活的方方面面。研究表明，儿童的50%性格在3岁左右形成，到7岁左右形成大约80%，到12岁左右已成型了95%。1~6岁是孩子性格习惯的形成时期，在此时期，父母一定要注重对孩子良好性格的培养，有了好的性格习惯，将事半功倍。

有人说"江山易改，本性难移"，性格是天生的，所以很难改变。固然，每个人的性格与气质从出生起就不尽相同，但是只要父母选择了正确的教育方法，精心教养，也一样可以让孩子拥有良好的性格。

这正如古人所说："少成若天性，习惯如自然。"父母假如从小就注重培养孩子良好的行为习惯，进行良好的性格塑造，那么这一时期的影响将贯穿并影响孩子的一生。因此，为了孩子的将来，家长一定要注重对孩子性格的培养。

性格缺陷阻碍孩子的成长

众多事例证明：一个人有什么样的性格，就会有什么样的人生。良好的性格是一个人获取健康、幸福和财富的基础。不好的性格会使一个人的发展受阻，影响个人成功。在当今竞争空前激烈的时代，一个人想要生存立足，求得发展，性格的完整与健全至关重要。

在影响性格形成的因素里，既有先天因素，又有后天因素，但更大的是后天的因素。我们经常看到的一个现象是：孩子与父母双方的性格都有很大差异，比如父母性格都比较内向，孩子的性格却比较外向。这说明，人的性格，往往更取决于他后天所受的教育。孩子未成年时期，性格尚未定型，有很大的可塑性。这个时候如能培养出良好的性格，对他的一生将起到积极有益的作用。

现代社会不欢迎有性格缺陷的孩子。一般来讲，有性格缺陷的孩子在人际交往中往往会受到阻碍，很难融入集体生活中，常常成为一个隐形人。

有一位妈妈诉苦说："我女儿是一名五年级学生，她性格内向、孤僻，喜欢独处。在学校里，凡是集体游戏、集体活动，她都没有兴趣，常常独自玩耍，很难和同学相处，班上没有一个朋友。班级中轮到值日，她总是借故请假，学校有活动时，老师也常常想不起她，感觉女儿就是一个隐形人。"

这就是性格缺陷对孩子带来的负面影响。一般来讲，性格缺陷主要分为这两类：强势孩子的缺陷和弱势孩子的缺陷。强势孩子的性格缺陷主要表现为性格反复无常，脾气暴躁、占有欲强，自私自利，行为带有攻击性等；弱势孩子的性格缺陷主要特征是消极被动，表达意愿或者求助的主要方式就是哭泣，对他人有较高的依赖性，在与同伴交往时没有主见，常常为了迎合他人而委屈自己，性格急躁又胆小怕事。

孩子的性格缺陷不是与生俱来的，其形成因素是后天环境的影响。后天环境指的是什么的？不是自然环境，而是人文环境：父母的教育与影响、幼儿园老师的教育方式，以及各类培训班的影响。

在这三类影响因素中，父母的影响是最大的，也是可塑性最强的，因为父母是孩子的第一位老师。所以，父母在培养孩子性格的过程中，一定要注意以下五种行为：

1. 只看结果的父母＝不努力的孩子

很多父母过于重视孩子的成绩，并把成绩作为衡量孩子是否努力的唯一标准，如果孩子考试成绩不理想，父母就会着急甚至发怒，并会给孩子施加各种压力，比如，过于严厉地批评甚至惩罚孩子，导致孩子内心受伤，失去自信心。

相反，如果孩子取得了好成绩，父母就会很高兴地表扬孩子，而过分的表扬会让孩子忽视努力的重要性。因此，父母恰当的做法是表扬孩子努力的过程，让孩子知道过程比结果重要。

正确做法：哇，考了100分啊，看来你的努力没有白费哦，这都是你平时努力的结果，真了不起，要继续努力呀！

错误做法：100分啊！太棒了，真不愧是个聪明的孩子！

2. 阴晴不定的父母 ＝ 不坚定的孩子

在孩子的成长过程中，如果父母不懂得控制自己的情绪，高兴时哈哈大笑，不开心时大吼大叫，这种喜怒无常的情绪不仅会让孩子觉得困惑，还会害怕。孩子长时间生活在这种环境下，最终会让孩子养成看人脸色的习惯，例如"我现在可以说话吗？""爸爸妈妈看起来好像有点生气，我还是先不说了吧。"

父母的性格若阴晴不定，孩子就会失去主见，慢慢养成消极性格，并且长大成人后也会习惯性地窥视他人，成为不自信、不开朗的人。因此，在与孩子相处的过程中，父母一定要控制好自己的情绪。

3. 喜欢说"别人家孩子"的父母 ＝ 不自信的孩子

很多父母心目中都住着一个"别人家的孩子"，并常常拿自己的孩子和别人的孩子做比较。父母这样做的出发点虽然是想激起孩子的上进心，但是，如果是在孩子面前说"你看看你，跟某某某比，你笨死了。"这类的话，会给孩子心里留下很深的伤，觉得自己低人一等，让孩子感到自卑，而且容易产生嫉妒的情绪。

4. 过度娇惯的父母 ＝ 以自我为中心的孩子

虽然很多父母都知道，对孩子娇生惯养会让孩子长不大，并且会养成以自我为中心的思考方式，成为性格自我的人。但在实际生活中仍有不少父母过度娇惯孩子，把孩子保护在自己的羽翼之下，从而让孩子抗挫能力、独立自主能力低下，并形成自我、自私、任性的性格。

5. 过度支配的父母＝胆小的孩子

很多父母在潜意识里都希望有一个乖巧听话的孩子，想把孩子改造成自己希望的样子。这种父母对待孩子的方式就是主导他们的行为，经常说"你必须这样做""你不能那样做"这类的话。

尤其是当孩子犯错时，父母首先说的就是"不听老人言，吃亏在眼前，这就是你当初不听我的话的下场。"这种过度支配孩子的方式，会让孩子缺乏独立思考的能力，久而久之养成胆小、容易紧张的性格。

因此，为了让孩子有一个健全的性格，在平时的教育中，家长一定要注意自己的行为方式。

性格不同，命运大不同

美国著名心理学家威廉·詹姆士说："播下一个行动，你将收获一种习惯；播下一种习惯，你将收获一种性格；播下一种性格，你将收获一种命运。"这句话说明了性格与命运的关系。

性格不同，人生命运不同。性格的好坏决定着一个人的命运，要想改变命运，一定要先完善性格。因此，父母一定要注重对孩子性格的培养。一般来讲，积极的性格往往会收获进取的人生，而消极的性格可能会对孩子的一生产生负面影响。

有一部BBC的纪录片叫《人生七年》，这个节目从1964年开始，通过记录14个来自不同家庭的孩子的7岁、14岁、28岁……一直到56

岁，每隔 7 年，对他们做一次深入的采访和观察，呈现出他们的个人发展和人生轨迹。

早在节目开始拍摄前，导演认为：阶层决定着孩子的未来。也就是说，富人的孩子还将是富人，而穷人的孩子多半还会是穷人。但是，通过对被采访者的跟踪，最后呈现的结果和导演的想法却大相径庭。

在这部纪录片中，约翰出生于精英阶层的家族。然而，9 岁时他不幸失去了父亲，家庭的重担一下子全部落在了他母亲一个人身上。生活的困境并没有将约翰打倒，反而自强自立，并立志长大后要从事法律方面的工作。为了实现自己的目标，约翰努力学习，最终功夫不负有心人，顺利考上牛津大学，拿奖学金，最终实现了自己的人生目标。

尼克出生于伦敦郊区的一个普通家族，14 岁上寄宿学校，21 岁在牛津大学学习物理，28 岁移民美国从事核研究，后担任大学教授。在回首自己成功的秘密时，他说："是一位老师不经意间的鼓励，让我为自己的兴趣找到了信心，并通过不断努力，最终战胜困难而实现了目标。"

在 14 个被采访者当中，尼尔最让人印象深刻。他的父亲是一名教师，小时候的尼尔性格活泼，十分可爱，深受父母、亲戚朋友、同学的喜欢。学生时代，他的目标是牛津大学。很不幸运的是，即使尼尔学习十分努力，还是无缘牛津大学。后来，尼尔去了一所不知名的大学上学。

也许是这次挫折改变了尼尔的命运，他大学未毕业就退学去当了一名临时的建筑小工。当导演团队再次找到他的时候，28 岁的尼尔早已离开伦敦，在英国各地流浪。那时的他身无分文，靠微薄的政府救济金生活。

这部纪录片很好地诠释了性格与命运的关系。在这部纪录片中，约翰和尼克从小都有明确的人生目标，并在确定目标后能够用积极的心态战胜一切困难，正是他们因为拥有不怕艰难险阻的坚强性格才使他们拥有成功的人生。试想一下，如果约翰和尼克像尼尔一样，遇到挫折就选择放弃，用消极的心态对待困难，自然就不会拥有成功的人生。

不过，好习惯是形成好性格的前提，因此，父母帮助孩子养成好的习惯，就能改变孩子的性格，最终决定孩子的命运。那么，作为父母该怎样培养孩子的性格呢？

1. 从语言开始文明习惯的培养

从孩子出生之日起，外界就成为他学习的源泉，大人们对他说什么，大人们之间在说着什么，他都会不分好坏地全盘吸收。

孩子在咿呀学语之时，就耳濡外界的语言，无形之中受到影响。每个孩子正是从"谢谢、请、对不起……"这些日常词语开始他的语言成长之路。好的语言才能慢慢形成说话和气、举止文雅的好性格。

2. 从吃饭培养孩子的规则习惯

吃饭是培养孩子规则习惯最重要的契机。在孩子吃饭时，父母要让孩子遵守一定的规则和礼仪，比如：饭前要洗手，等所有人到齐后才能开始吃饭；吃饭时要手扶着饭碗，咽下嘴里饭菜后再说话；吃饭时不要吧唧嘴，喝汤时不要发出响声；禁止用筷子敲打饭碗；不能随便更换座位；不能将筷子插在盛着米饭的碗里，以及吃完饭后碗里要干净、添饭时不能说"要饭"或者"再要一碗"，吃完饭要清理掉在桌上的饭粒或残渣等。

孩子每天都要经历好几次吃饭，而通过吃饭能培养孩子的规则意识，让孩子养成遵守规则的习惯。

3. 与他人和谐相处的社交习惯

越来越多的父母从小就注重培养孩子的社交能力，孩子是否融入群体？是否喜欢人际交往？是否懂得分享？是否有暴力行为？这些问题父母都比较重视。

要想孩子在人际交往中，与同伴愉快交流、友好相处，首先父母要做这样的人，从而影响和教育自己的孩子。并且创造机会，多带孩子去接触各种各样的人，不仅是同龄人。

日积月累，孩子就会养成好习惯，自然而然就成了一个不以自我为中心，懂得换位思考的人。

4. 从自己穿衣开始培养劳动习惯

热爱劳动是中华民族的传统美德，父母应该从小就培养孩子热爱劳动的习惯。不过很多父母常常会觉得孩子太小做不好事情，而等到孩子长大一些时，又担心劳动耽误了孩子的学习时间。因此，父母事事代劳，这样孩子就一再失去自己动手的机会，自然就难以培养起独立的性格。

其实，家长应该重视从生活琐事中培养孩子的劳动习惯。孩子自立的意识正是从穿衣、穿鞋、穿袜开始的；责任感正是从帮助爸爸妈妈洗碗、扫地、抹桌开始的；自信正是从独立自主生活开始的。所以，父母应该学会放手，适当让孩子去做一些力所能及的事情，逐渐培养孩子的独立性和责任感。

俗话说："没有规矩不成方圆。"父母要为孩子制定一些行为规则，并督促孩子去遵守。这些规则会对孩子的性格起到潜移默化的影响。因此，家长们在给孩子提供优越的生活条件的同时，一定不要忽略内在的性格教育这一关键因素。

家庭环境影响孩子的性格

心理专家指出，5 岁是孩子性格形成的最主要阶段。而在这个阶段，家庭环境对孩子的影响最大。因为家庭是孩子生活和接受教育的第一个课堂，父母作为孩子的第一任老师，对孩子的身心健康起着重要的作用。

家庭环境影响着孩子的性格，特别是在儿童阶段，孩子的思想尚未成熟，是非分辩能力差，受家庭环境的影响最大。因而，父母的言行举止、人际交往方式、待人接物的态度，以及对子女的教育方式等，都会给孩子留下深刻的印象。孩子会模仿父母，以父母为榜样，因此，整个家庭环境对孩子性格的形成起着极为重要的作用。

在家庭环境中，由于孩子与父母之间的血缘关系使得孩子对父母有高度的依恋性，也使得父母成为子女教育最直接、最权威的人选。但是，家庭环境不会像学校教育那样有计划性，有时是通过亲切的教诲和诱导，更多的则是无形中的感染和潜移默化的影响，通过家庭生活中的方方面面来进行的。

家庭环境对孩子性格的影响，主要表现在以下两个方面：

1. 家庭物质环境

家庭物质环境主要是指家庭经济环境，其包括居住环境、室内外布置及生活水平等。由于孩子的身心发展还不成熟，很容易受外界环境的影响，特别是物质环境的影响。

良好的物质环境是孩子赖以生存和发展的基础。但是同时也要看到家庭物质条件对孩子性格的形成是一把"双刃剑"。孩子长期生活在优越的物质环境中，容易形成养尊处优的意识，若父母教育不当，就会养成孩子骄纵、傲慢等性格特征。

2. 家庭精神环境

家庭的精神环境主要是指家庭的文化心理环境，包括家庭的生活氛围、家庭成员间的情感关系等。对孩子的心理健康起着重要的作用。

有人将家庭比作制造人类性格的工厂，因为孩子从出生之日起，与家庭成员之间相处的时间最长，家庭成员的言行，以及父母的关系，父母与其他家庭成员之间形成的家庭氛围都对孩子性格的形成和发展产生潜移默化的影响。

比如，孩子所处的家庭中，各成员之间友好相处、互相尊重、互相理解，在事业和生活上互相关心和支持，在这样的家庭氛围中，孩子就会形成积极乐观、乐于助人、与他人友好相处的性格；相反，家庭成员之间存在明显强弱对比，存在隔阂，猜疑，经常争吵、打架等，孩子就会形成敏感、多疑、暴躁、情绪不稳定等性格特征。

此外，家庭成员关系也会影响孩子性格的发展。据调查表明，孩子若长期生活在父母打架、吵架的氛围里，患精神疾病的概率较高。父母关系紧张还会造成孩子情绪紧张，会使孩子形成不良的性格，其性格大多具有暴躁、迟钝、胆怯、犹豫不决等特点。

总之，家庭环境对孩子性格的形成和发展具有重要和深远的影响。为了孩子健康地成长，父母应当为孩子营造一个良好的家庭环境，而这个良好的家庭环境不只是物质上的，还需要有精神层面上的，比如关注孩子的心理健康。只有做到双管齐下，孩子才能拥有健全的性格。

把握孩子性格形成的关键期

著名心理学家荣格说："一个人毕其一生的努力就是在整合他自童年时代起就已形成的性格。"由此说明，一个人的性格形成于童年时期。美国加利福尼亚大学对此问题进行过研究，结果显示，人的性格在童年时期的早期就能形成。

孩子自出生起，生活就像一张白纸，如何作画完全取决于父母。如果用了彩色的画笔，孩子的生活就是亮丽多彩的。比如瓦特，小时候因为身体缺陷，无法进入学校读书。于是，他的妈妈就当他的老师，亲自在家教授他各种知识，鼓励他多动脑、多动手，从而培养了瓦特的好奇心和好学精神，并让瓦特养成了坚强乐观的性格，后来，瓦特成为举世闻名的发明家。

反之，父母若是随意在白纸上作画，孩子的心灵就会受到创伤。比如，著名作家张爱玲就是如此。她不幸的童年经历、父爱母爱的缺失使得她变得敏感自卑、孤僻内向。在她写的小说里，很多人物都是孤独的、悲观的，这也正是她真实性格的反映。

众多事实告诉我们，父母的教育方式对孩子性格的形成起着关键作用，因此，父母若想要孩子以后有好的性格，就要抓住性格形成的关键期，进行合理教育。孩子从出生到性格基本成形大概有以下5个时期，影响了孩子不同的性格特征，根据每个时期不同的心理特点，需要侧重培养孩子的某些能力，从而有益于孩子形成好性格。

1. 婴儿期

在婴儿期，宝宝的生活全部依赖爸爸妈妈或其他成年亲人照顾。如果婴儿与亲人之间没有建立依赖关系，就会产生不安全的心理状态，出现烦躁不安的情绪问题。因此，在此阶段要重点培养孩子的安全感。

0～2岁是孩子与父母建立安全感的关键时期，在此时期，父母要多抽时间陪伴孩子，与孩子玩耍。父母的细心照顾与陪伴，能够让孩子觉得舒服与踏实。而当孩子见不着父母时，孩子就会焦急不安地放声大哭，此时，父母千万不要以为是孩子娇气，这是孩子对父母依赖的表现，也是安全感缺乏的体现。

在婴儿期要着重培养孩子的安全感，有安全感的孩子，性格比较平和、开朗、自信。相反，缺乏安全感的孩子容易从小出现自卑、胆小、不信任别人的性格，这样的性格会使孩子在人际交往中受阻。

2. 幼儿期

进入幼儿期后，孩子的认知能力提高，并且由于他们的内心单纯快乐，所以他们看到身边发生的很多事情和行为，都会哈哈大笑。在这个阶段，最适合培养孩子乐观积极的心态。一个乐观的孩子面对生活的态度更加积极和自信，在生活中也更容易受人欢迎。

父母可以每天陪孩子玩一些孩子感兴趣的游戏，或者给孩子讲一些搞笑的笑话，让孩子生活在开心快乐的氛围中。同时，家长也要以身作则，在与孩子相处时，将不良的消极情绪隐藏起来，将积极乐观的一面展现给孩子。

此外，营造温馨和谐的家庭氛围，鼓励和培养孩子健康广泛的爱好，都能让孩子的心态更加乐观。这就要求家长做到：在孩子哈哈大笑的时候不要阻止他，要让他勇敢自由地表达自己的快乐，不过也要告诉孩子，哈哈大笑需要看场合，更不能去嘲笑他人的缺点。

3. 学龄前期

这个时期的孩子，一般都已经到了上幼儿园的年纪，其语言能力、表达能力和理解能力都已经上了一个台阶。父母能做的，就是给孩子提供一个发挥能力的平台。在此时期，父母应该带孩子出去走走，多接触外界，创造与各种人相处、交际的机会。在与小伙伴沟通的过程中，孩子也能学会如何正确地去表达自己想说的事情。

家长可以买一些图画书，来增强孩子对事物的理解能力。教孩子唱儿歌，可以让孩子在快乐轻松的氛围中，用更加充沛的感情练习自己的语言表达。在日常生活中的自然表达，以及父母的认真倾听，都是提高孩子语言能力的好方法。

4. 学龄期

学龄期的孩子有了一定的独立性，掌握了一些基本的生活技能，比如自主穿衣、吃饭、洗澡等。同时，他们的性格也发生了一些变化，活泼好动，好奇心强，爱提问、爱思考，常常搞一些"小破坏"。比如，拆卸新买的玩具，在墙上乱涂乱画。对于孩子的这些"破坏"行为，家长要理性，千万不能盲目地责骂孩子，而应该对孩子进行有效的支持和引导。因为孩子的这些"破坏"行为，其实是对事物的好奇心。所以，当孩子喜欢拆玩具的时候，我们就给他买工具，再把他以前的玩具拿出来，帮助他实现"好奇心"。

当然，父母要做好安全防范工作，告诉孩子在拆卸玩具时，要注意安全，并且有些东西是不能随意拆卸的，比如家用电器等。

孩子喜欢在墙上乱涂乱画，父母可以给孩子买画纸，让孩子在纸上作画。正确引导孩子在安全和不破坏家庭秩序的前提下，充分释放孩子的天性，培养孩子的想象力和动手能力。

5. 青春期

进入青春期后，孩子的生理、心理会发生一些变化，他们会变得敏感、多疑、多愁善感，并且容易因为自身一些小小的缺陷而自卑。对于这一时期的孩子，家长的教育方式要以尊重为主，并多关注孩子的情绪变化。

父母要尊重孩子，保护孩子的自尊心，当孩子的自尊心受到伤害时，父母要懂得使用合适的方法及时疏导，不要让孩子走进极端。一般来讲，自尊心过强的孩子非常容易转向自卑，顺利时沾沾自喜、受挫时垂头丧气，其情绪变化很大。

青春期的孩子将自尊心看得很重，很多时候，孩子的情绪起伏不定，多半与自尊心受伤有关。他们渴望获得别人的尊重，但是又容易陷入自尊心过强和自卑心过重的泥潭，因此，父母多关注孩子的情绪变化，并及时对孩子的不良情绪进行疏导，培养孩子健康的自尊心理。

同时，在懵懵懂懂的青春期，对孩子进行科学的生理知识教育很有必要，因为，孩子青春期发育时，在荷尔蒙的影响下，心理会很"动荡"，性格也有可能会蜕变。一直以来性教育是家长难以启齿的话题，但是，如果家长不对孩子进行性教育，孩子由于好奇往往只能从网络上寻找答案。而一些不良的网络色情文化容易让孩子步入歧途，从而影响孩子的健康成长。因此，家长要配合学校做好青春期孩子的性安全教育。

父母的性格影响孩子的性格

常言道，孩子是父母的影子，父母的言行举止影响着孩子。这正如苏联教育学家马卡连柯所说："你们怎样穿戴，怎样同别人谈话，怎样谈论别人，怎样欢乐或发愁，怎样对待朋友或敌人，怎样笑，怎样读报……这一切对儿童都有着重要的意义。"

众多研究表明，父母的一言一行对孩子的性格产生巨大的影响。其中，不良语言对孩子的影响最深。比如，父母在谈话时若经常使用脏话，孩子长期生活在这个氛围中，也会脏话连篇，在人际交往时，就会受到同伴们的排斥，从而导致孩子的性格逐渐变得内向、孤独。

同样，父母暴躁的脾气也会影响孩子的性格。有专家指出，孩子的坏脾气和坏性格往往是受父母的影响，从父母那里学来的。在父母的潜移默化下，孩子也会通过暴力来解决矛盾，最终形成攻击性行为，对孩子的成长极为不利。

并且，孩子的情绪管理能力与父母的性格也有着很大的联系。性格暴躁的父母，不懂得控制自己的情绪，常常会大吼大叫来发泄不满，从而使得孩子的情绪也阴晴不定。性格温和的父母，养出的孩子情绪比较平和。而一个人能否控制好情绪，关系到婚姻和事业上的成败，对他的一生都有巨大的影响。

娜娜大学毕业后，情感问题一直困扰着她。她觉得自己对于情感的体验就像"过山车"一样，恋爱初期往往是甜甜蜜蜜，当和男朋友发生矛盾时，曾经的甜蜜烟消云散，取而代之的就是心灰意冷，有时候她很想从悬崖边跳下去。

其实，娜娜的情感困扰来源于她极端情绪化的母亲。在她五岁生日时，母亲买了一台钢琴当作她的生日礼物，并且送她去学钢琴。在学琴的第一天，妈妈非常关心娜娜的学习情况，刚回到家，妈妈就拉着娜娜的手问："我的宝贝今天琴学得怎么样啊？把在学校学的曲子弹给妈妈听一下吧！"

于是，娜娜兴高采烈地把自己的本领展现给妈妈看，她用笨拙的小手敲打着琴键，谁知手指才滑过几个音，母亲的掌声就响起："哎呀！我的女儿好棒！我的女儿怎么这么厉害，一定是未来的钢琴家。"妈妈的夸奖让娜娜很开心，并决定要努力学琴。

第二周，上完钢琴课刚回到家，娜娜就迫不及待地打开琴盖，弹起老师教的曲子来。谁知，还没有弹完一小段，妈妈的尖叫声就传来："谁让你弹琴的，你没看到妈妈在忙吗？弹的这首曲子太难听了，上课肯定没有认真听讲。不要再弹这么难听的曲子了。"妈妈的怒吼声让娜娜失望极了，她沮丧地回到房间，把钢琴课本丢在地上使劲踩踏，并且对钢琴也失去了兴趣。

第三周，娜娜学完钢琴回家，忐忑不安，在经过妈妈身边时，她看了看妈妈的脸，不知该不该回到房间去练习曲子。此时，母亲说话了："哎，回家怎么都没有叫妈妈呢？怎么学完琴也没跟妈妈说今天学得怎么样？"

娜娜终于在母亲反反复复、阴晴不定的情绪化中濒临崩溃，兴奋和挫败的情感不断交错，并一直困扰着她。

在这个案例中，娜娜妈妈的情绪极不稳定，她制造了一种"双重束缚"的情感，她的鼓励与欣赏让娜娜觉得妈妈是爱自己的，而当她大吼大叫地指责与批评女儿时，娜娜又觉得妈妈是讨厌自己的。在爱与厌烦的双向情感夹击下，娜娜的性格也变得很情绪化，从而影响到她的感情生活。

在家庭教育中，父母的情绪若不稳定，时好时坏，孩子也会时而变得想讨好别人（当他们期待兴奋性情感出现时），时而变得叛逆、孤僻（当他们预期挫败性情感会出现时）。孩子之所以会出现这两种情绪反应，追根究底，是他们的内心在受到创伤后，无法再去相信别人，也不再相信自己在情感上最直接的反应。

因此，要从小培养孩子的优良性格，父母首先要以身作则，要以自己良好的个性、情操去感染孩子，这将有益于孩子的一生。

第二章
色彩识性：了解孩子的彩色心灵世界

　　心理实验证明，自出生起，婴幼儿对事物的认识、辨别和选择，基本上是依据视觉对色彩的感染力进行的。并且，孩子对色彩的喜好程度，很大程度上反映了孩子的深层个性。由此可见，孩子对色彩的选择与其性格存在着某种联系。因此，父母若想了解孩子的性格，不妨从孩子喜好的颜色着手，通过颜色去了解孩子的内心世界。

颜色是孩子心灵的镜子

在养育孩子的过程中，很多家长有这样的感受：以前性格活泼可爱的孩子，不知为何却变得越来越内向，性格孤僻，情绪波动大，喜欢叛逆，拒绝与家长沟通。孩子的一系列变化让家长头痛：我的孩子到底怎么啦？性格怎么会发生这么大变化呢？

其实，要想了解孩子，就要先知道孩子的心里到底在想什么。只有走进孩子的内心世界，了解清楚孩子成长的烦恼，抓住孩子的心理变化，才能使孩子快乐健康地成长。

那么，孩子的心灵世界到底是怎么样的呢？有的父母认为，孩子是天真无邪的，他们的世界就像白色一样单纯、简单。可事实上，很多父母与孩子之间之所以存在代沟，就是因为并没有真正了解孩子。

很多时候，孩子外表看起来单纯、简单，但他们的内心却是敏感、多姿多彩的，绝对不止一种颜色，因为他们有各种各样、完全不同的性格。每一个孩子的心灵都有一种主要的颜色，而这种颜色就能大致反映出孩子的性格特征。

澳大利亚心理学家维尔纳的实验证明：自从孩子呱呱落地起，他对外界事物的认识、辨别、选择基本上是依据视觉对色彩的感染力进行的。由此可见，色彩在儿童的视觉空间上，以及引起儿童心理注意的倾向上有何等重要的位置。

　　颜色是孩子"心灵镜子"。日常生活中，爸爸妈妈也许会有这样的发现，孩子特别钟情于某种颜色，比如，买衣服的时候、买玩具的时候、买餐具的时候、玩游乐项目的时候，就喜欢挑选某一种颜色。孩子们对色彩做出的无意识选择，一定程度上可以反映出他们的性格特征，并且颜色越鲜活，性格越鲜明。

　　关于颜色与性格的关系，美国著名的儿童心理学家阿尔修勒博士，进行过为期一年的儿童色彩调查研究。他的研究发现，孩子的性格与其喜欢的颜色有着很大的关联性。比如：喜欢黄色的孩子依赖性强，动手能力差；喜欢蓝色的孩子爱思考，但比较自私；喜欢红色的孩子性格比较活泼、天生爱热闹；喜欢粉色的孩子比较有爱心，天生具有浪漫主义情结，性格优雅、温柔、体贴；喜欢紫色的孩子个性爽朗，与他人能友好相处，个性上较为随和，具有宽容的胸怀以及极强的好奇心和上进心；喜欢橙色的孩子性格活泼，善于人际交往，但有点任性，具有自我主义倾向……

　　当然，孩子对某种颜色的喜好并非是天生的，而是在成长中受到家庭、环境、教育等方面不同程度的影响而形成的。作为父母，要把握好对色彩的运用，重视色彩在孩子心理发展中的影响。这就要求父母在日常生活中为孩子选择家具、玩具、图书时，不能随便应付了事，而要考虑颜色因素，为孩子搭配出一个健康的彩色环境。

　　同时，家长可以通过观察孩子喜欢的颜色，大致把握孩子性格成长的方向，然后再适当地做出引导。当然，有些孩子对颜色的喜好会随着年龄的变化而变化，或者偏好多种颜色。对于孩子的这些变化，父母要仔细观察，并对孩子性格中的积极因素加以肯定，对负面影响进行引导消除，只有做到扬长避短，孩子的性格才能更趋于健康和乐观。

红色：爱表现喜欢凑热闹的人来疯

根据色彩心理学，喜欢红色的孩子，性格大多活泼外向、热情开朗、喜欢表现自己。心理学家将红色性格的孩子称之为表现型性格的孩子。他们积极乐观、幽默风趣、爱开玩笑甚至爱恶作剧，这一切性格特点都归结于红色小孩的核心心理特征“好玩”，而这样的性格也使红色小孩变成了一个好玩、有趣的人。总体来讲，红色性格的小孩具备以下几个特征：

1. 喜欢帮人分担

红色性格的小孩热情开朗，喜欢帮人分担事情，因此，往往很容易和他人拉近距离，获得他人的喜爱。有个幼儿园的小朋友，他就是红色性格的孩子。平时，当老师需要小帮手时，他总是积极主动地站出来帮老师做事情，老师分东西的时候，他会主动帮着分给每个小朋友。而当家里来客人时，他会热情主动地接待客人。并且还特别有礼貌，在小区里遇到熟悉的邻居，会主动打招呼。所以，他很受大家喜欢。

2. 爱表现

红色性格的孩子总想着表现自己，爱出风头，争强好胜。在受到打击后，很容易情绪化。比如：

涵涵的妈妈到幼儿园接涵涵时，发现女儿噘着嘴，一副闷闷不乐的样子，便追问原因。结果，涵涵用力地一跺脚，大声喊道：“我不喜欢林老师！”然后便跑出了教室。

涵涵的妈妈在和林老师沟通交流后，很快弄清了事情的原委。原来，在班级公开课上，很多其他幼儿园的老师都来听课，还有几个是外籍老师。在课堂上，涵涵特别积极，老师提出的每个问题她都把手举得高高的，恨不得站起来。

刚开始，老师让她回答了好几次问题，后来，老师把机会让给了其他小朋友，这就惹得涵涵不开心了，她甚至从座位上站起来，发出"嘘嘘"的叫声，以吸引老师的注意；有时候甚至不等老师点名，她就自顾自地站起来大声回答。

于是，林老师就提醒涵涵：其他小朋友在回答问题时，她要遵守纪律，不能出声。涵涵觉得林老师批评了她，她就很不开心，还乱发脾气，把彩色铅笔都扔到了地上，并且整个下午在林老师面前都是一副不开心的样子。

"爱表现"是红色性格孩子的一个显著特征，但若表现过了头就不好了。因此，父母应该告诉孩子，"爱表现"虽然是一件好事，但要尊重别人，别人在讲话时，私自插话是不礼貌的行为，容易引起他人的反感，以致被孤立。

针对红色性格孩子"爱表现"的行为特征，美国心理学家马斯洛提出人的需要可分为五个层次，分别是：生理需要、安全需要、社交需要（爱和归属感）、尊重需要和自我实现需要。红色性格的孩子爱表现则正是自我实现需要的体现。

马斯洛认为，在追寻自我实现需要满足的过程中，人们所表现出来的聪明才智、理想抱负若能得到实现，就会获得极大的满足和成就感，会带来最巅峰的喜悦和快乐体验，这也是红色性格的孩子乐意并勇于抓住一切机会表现自己的原因所在。

3. 喜欢凑热闹

红色性格的孩子喜欢一些好玩有意思的事情,是个典型的人来疯。尤其是家里来客人时,他们会主动热情地接待客人,把好吃的、好玩的全都分享给客人。同时还会蹦跳、插嘴干扰大人间的谈话,借此来引起他人的注意。

对于热情开朗的红色性格孩子来说,他们的内心很渴望与人交往,获得同伴间的友谊。同时,也非常希望得到别人的肯定与赞美。但是家长也要适当地提醒孩子,不要过了头,否则会被当成没礼貌、没教养,从而引起别人的反感。

那么,家长该如何与红色性格的小孩相处呢?以下相处之道供家长参考:

1. 给他们一定的职责和决定空间

面对热情开朗、精力充沛的红色性格的孩子,父母必须要让他忙碌起来,千万不能让他闲着,必须给他一些事情做。比如,在带他出去的时候,最好一直牵着手,边走边说着话,让他来决定一些事情:"我们买哪个好呀?我们一起来挑选好吗?"让孩子来做一些无大碍的决定,这样会让红色性格的孩子很有成就感。

红色性格的孩子活泼好动,如果父母由着孩子的性子来,他们就什么都不怕,什么事都敢做。因此,父母对红色性格的孩子的管教要严厉一些,而对他们进行约束的最好方式就是找点事情给他做。

2. 建立规矩,并且严格执行

红色性格的孩子比较有自己的想法,并会不断地对大人提出各种要求:妈妈我们去逛超市吧;妈妈我想要那个玩具;妈妈我想去那里玩;妈妈我们干这个吧……对于孩子的各种要求,父母一定要制定规矩。比如，一次只能满足两个或者三个要求，即使孩子再哭闹，父母也不要妥协，否则，孩子次次都会通过哭闹来威胁你，从而达到目的。

3. 学会依靠他们

对于红色性格的孩子来说，父母要学会放手，适当的时候要依赖他，因为红色性格的孩子很喜欢那种被人依赖的感觉。比如，你可以常说："幸亏有你帮我，不然我真搞不定呢。"如果妈妈给红色性格的孩子一种依靠他、需要他的感觉，孩子的内心就会受到鼓舞，并且会表现得更加出色。因此，父母要抓住红色性格孩子的这一心理特征，并巧妙地加以利用。

4. 给他们一定的情绪空间

红色性格的孩子在遇到不开心的事情时，会用哭来表达情绪。对于红色性格的孩子，一定要给他们情绪空间，允许他们发脾气。因为那是他们的需要，是自我发泄情绪的一种方法。因此，当他哭泣时，父母千万不要阻止说："有什么好哭的，丢死人了。"而应该让他静静地哭完，然后再给他一个拥抱。当他情绪稳定后，父母可以了解孩子哭泣的原因，然后再加以引导。

蓝色：十万个为什么的思考王

蓝色性格的小孩与红色性格的小孩截然相反，他们个性沉稳，不爱张扬，喜欢安静独处，善于思考。因此，蓝色性格的孩子属于思考型性格的孩子。思考型的孩子含蓄内敛，不爱表现自己，做事情时一般会先思考，然后再付出行动，并且特别遵守规则。因此，这类孩子很容易钻牛角尖，并且因为太注重细节而忽略大局。总体来讲，蓝色性格的孩子具备以下特征：

1. 内敛、不善交流

与红色性格孩子相比较，蓝色性格的孩子就显得内敛了许多。他们性格沉稳，并且不太爱说话。尤其在和陌生人相处时，他们往往会很拘谨。但是他们的情感细腻，对环境的变化特别敏感，只是因为不善于人际交往，性格就显得内向、胆小谨慎，不像红色性格的孩子能很快融入新的环境。

平时，爸爸妈妈可以多鼓励与赞美蓝色性格的孩子，这能让他们充满自信，有了自信，他们就会乐意与他人交往，更乐意参与到集体活动中去。

2. 爱提问

蓝色性格的孩子脑子里装着十万个为什么，他们爱提问、爱思考，是一个喜欢探索、勤于思考的小人儿。即使是一件司空见惯的事物，他们也会兴致盎然，想搞清楚里面的奥妙和玄机。父母一定要保护孩子的好奇心，千万不要以为孩子的问题幼稚无聊，甚至怀疑孩子是有意捣蛋而斥责孩子。这样的做法会严重打击孩子乐于思索、勇于探究的积极性。

3. 遵守规则

蓝色性格的小孩在日常表现中个性非常鲜明，他们做事情井井有条，非常讲究原则与规则。所以，你会发现，蓝色性格孩子的玩具一般摆放得特别整齐而且有规律，你随便动了其中一个，他都能发现。并且做事情有始有终，比如，他正在玩积木，你叫他吃饭，他不会像红色性格的孩子一样，把东西一扔就过来吃饭，他们会把积木整理摆放好后才会过来吃饭。所以，蓝色性格的孩子做事比较认真，懂规则。

4. 感情细腻，缺乏安全感

蓝色性格的孩子感情细腻，内心缺乏安全感，特别是到了陌生环境时，非要在确定安全后才会安然入睡。有一对父母带着很小的孩子参加夏令营，到了晚上，别的父母和孩子已经在宾馆休息了，这对父母却背着孩子到处转悠。

原来，这个孩子每次到了陌生环境，很难适应下来，非要和父母一起把周围勘察一圈，确定安全后，才会安心睡觉。

由此可见，蓝色性格的孩子到了陌生环境，内心是极为不安的。也正是因为缺乏安全感，所以要想和蓝色性格的孩子建立亲密感是比较困难的。

那么，对于蓝色性格的孩子，父母该怎么养育呢？以下技巧可供参考：

1. 适当放低要求

因为蓝色性格的孩子是一个遵守规则的孩子，他们对自身的要求很高，若父母再对他们高标准就会加重孩子的负担，使孩子的内心产生焦虑的情绪。因此，父母不要再提高对孩子的要求，不妨粗线条地对待孩子，让他们多和周围的人打交道，多看看外面的大世界，尽量别给他们钻牛角尖的机会，以免他们会更加敏感、更加细腻、更加较真儿。

2. 不用愤怒的情绪对待孩子

鉴于蓝色性格的孩子比较敏感、多疑，父母在与他们说话时，一定要温和，如果父母非常暴躁地说话："哭什么哭？怎么这么没出息呀？快说，为什么哭？……"这种说话态度会让孩子很受伤，觉得父母是在嫌弃他、批评他，因此他们往往会立刻关闭房门，可以好多天不再跟父母说话，而且以后有类似于这样的问题出现也绝对不再有探讨的余地。

蓝色性格的孩子心灵受伤后，就会像刺猬一样，把自己封闭起来，并且还有点倔强，不会轻易改变自己的意见与主张，除非你能立刻说到他们的心坎上，他们才能打开心扉，否则他们可以长久地默默无语。因此，对待蓝色性格的孩子，家长一定要控制住自己的情绪。

3. 多加表扬与肯定

与所有的孩子一样，蓝色性格的孩子也喜欢受到表扬与肯定，不过，对于爱思考的蓝色性格的孩子来说，对他们的表扬不能是泛泛的，而应该是具体的，细节部分也不要放过。

比如，你觉得蓝色性格小孩画的画还不错，你可以这样表扬他："与其他小孩相比，你的线条画得比较直，颜色搭配也很不错。只是窗户稍微有点儿歪，但也没关系，只要能看出是窗户就很好了。"需要表扬到这种具体细节，如果笼统地说"画得不错"，他会以为你在敷衍他，从而不再相信你的表扬与赞美。

4. 真诚而不虚假

对于爱提问的蓝色性格的孩子来说，他们对任何感兴趣的事情都喜欢打破砂锅问到底。此时，父母要认真回答孩子的每一个问题，即使不知道答案，也要如实告知："我也不知道，等我了解了再告诉你"。

并且，答应孩子的事情一定要做到，因为蓝色性格的孩子很遵守承诺。在他们看来，我答应你的事情我一定会做到，如果你承诺我的事情，也请你一定要做到。因此，父母对于不懂的问题，可以带着孩子一起去寻找答案。

5. 多倾听、多鼓励

蓝色性格的孩子比较注重细节、遵守规则，做事情不懂得变通，且行动缓慢。所以在与蓝色性格的小孩相处时，要有耐心、多积极主动走近他，学会不温不火地表达你的观点和见解、多给予他鼓励，只有这样，才能和蓝色性格的孩子建立起亲密的关系。

黄色：永不服输的指导王

黄色性格的孩子坚强、不惧失败、越挫越勇、勇于挑战、做什么都要成为第一名，这一切都源于他们的"不服输"精神。正是这种永不服输的精神使他们获得成功的概率较大。

黄色性格孩子的不服输精神，使得他们能勇敢地面对挫折，迎接挑战，他们的口头禅就是"没有什么困难是自己战胜不了的。"因此，即使他们失败了，也不会放弃努力，会不停地要求"再来一次！再来一次！"。

好胜心强、永远不服输就是黄色小孩的性格核心。其不服输的心理动因是永远觉得自己是最棒的。他们的内心常常有这样的想法：我才是第一名，我才是最棒的、最厉害的，你们怎么可能赢我？即使这次我输了，那也只是暂时的，下次我一定会赢回来。

黄色性格的孩子做任何事情都是抱着"必赢"的信念，并且会为了达到目的而不断努力，只要目标没有实现，他们就不会轻易放弃。而这种不服输的精神使他们越战越勇，但这也使他们成为霸道的小孩，别人会因为他们过于强烈的好胜心而感到不舒服：凭什么你就非要赢？凭什么你总是第一？我们为什么要被你压制？因此，在和黄色性格的小孩相处的过程中，总是会给别人带来无形的压力，从而使得他人想要远离黄色性格的孩子。这对黄色性格孩子的人际交往是非常不利的。

尽管黄色性格的孩子一心想赢，但他们并非是常胜将军，总有失败的时候。因为再强大的人也有失败的时候，到那时，他们会因为性格中缺乏柔软而接受不了失败，因而会感到更加痛苦。

除了永不服输，黄色性格的孩子还非常霸道，他们具有一定的领导能力、坚强的意志和灵活的头脑，同时他们因为精力充沛常常调皮捣蛋、不服管教而藐视规则、挑战权威。芊芊就是这样的小朋友。

芊芊是幼儿园中班的孩子，有一天，她和小朋友们玩白雪公主的游戏。游戏开始前，芊芊就自告奋勇说由她来安排大家的角色，最后她给自己安排了白雪公主的角色，有的小伙伴也想演白雪公主，于是提议和芊芊交换个角色。但芊芊表示不乐意，她就堵在"城堡"门口不让大家进入，最后大家都同意之后，芊芊又不想按剧本吃下毒苹果，要让"王子"吃下毒苹果，她来拯救王子。

在第二次互换角色时，芊芊对于自己的角色很不满意，于是，她抗议说："谁不听我的，谁就不要玩了！"由于芊芊的这种霸道性格使得其他小朋友不愿意和她一起玩游戏。

黄色性格的孩子具有一定的领导力，但是一不小心过头了就有可能演变成霸道和蛮不讲理，面对这样的孩子，父母可以这样做：

1. 该坚持时就坚持

黄色性格孩子的那种不服输的精神，使他们的目标明确，一旦达不到目的，就会死缠烂打。因此，对于黄色性格的孩子，父母要坚持原则，对于他们不合理的要求，不能随意妥协。如果你妥协了一次，下次他还会用死缠烂打的方式让你妥协。久而久之，就会纵容孩子变得更加自我，更加难以接受别人的意见。所以父母需要坚持原则，不能一味迁就。

2. 摆事实讲道理

黄色性格的孩子有点霸道，喜欢坚持自己的意见，并强势地要求他人按照自己的意愿行事。因此，当父母发现他们做法不对的时候，不能硬碰硬，可以先摆事实讲道理，把理由讲给他听，让他们了解现状和利害得失，帮助他们分析做出调整。这样不仅让孩子修正了错误，还不会伤害孩子的情感。

父母千万不要严厉批评有过错的黄色性格的孩子，因为你越是强制压服他，就越会增加他们的逆反心理。让他们觉得只有自己更强，才能胜过你。

3. 让孩子自己做主

对于指导型的黄色性格小孩来说，喜欢掌控一切的感觉，所以，对于他们合理的要求，父母要支持，并试着让孩子自己做主。当然，父母应该告诉他们在行使自己权利的同时也要相应承担一些责任，教会他们注重团队合作才能成为真正的强者。

4. 培养孩子助人为乐的精神

黄色性格的孩子具有永不服输、热爱挑战的特点，父母可以利用这个特点，在日常生活中营造竞争的气氛来激励他们。同时，父母也应该告诉孩子，一个经常帮助别人的领导型孩子才会更容易获得大家的认可，他的支配欲和攻击性也会慢慢减弱。

绿色：喜欢和平的小天使

与红色、黄色、蓝色小孩不同，绿色性格的孩子比较乖巧听话，即使看中一个玩具，也不会主动向父母提要求，当父母没有给他买时，他也不会哭闹，更不会暗自生气。因此，绿色性格的孩子会不争不吵、不哭不闹、毫无情绪，是一个性格平和的孩子。

绿色性格的小孩就像一个喜欢和平的小天使，他们几乎很少和人发生矛盾，在和同伴相处时，会处处忍让，内心始终坚持"只要你好，我就好"的人际交往原则，什么都不会计较。这也使得他们在面临选择的时候常常犹豫不决，尤其是别人在问他们的意见时，他经常回答："都行""你说吧""我也不知道啊"这类模棱两可的话。因此，绿色性格的孩子在各种环境中往往充当一种配角，或者跟随者的角色。

虽然绿色性格的孩子缺乏主见、害怕冲突和拒绝、不喜欢挑战和竞争。但他们的人缘很好，在人际交往中最容易受到众人喜欢，因为他们很容易相处。那么，父母该如何与绿色性格的孩子相处呢？

1. 多点耐心对待孩子

对于缺乏主见的绿色性格的孩子，父母要多点耐心，切不可急于求成。要一步步地引导和鼓励孩子形成自己的主见。这其中最重要的肯定方式就是支持，包括语言上和行为上的支持。在语言上父母切不可操之过急，要用温和的态度，表明对他的期待和认可。

在行为上，父母凡事要多征求孩子的意见，给孩子自主选择的机会，并适当地对孩子做出引导，让他习惯于选择，慢慢地，绿色性格的孩子就会发现做选择其实也没有那么困难。相反，可能还会赢得更多的尊重和支持，有更多的人希望他这样做，那么，他自然也就会选择一种更为其乐融融的生活方式。

2. 建立群体认同感

虽然绿色性格的孩子在人际交往中很受欢迎，但因缺乏主见而在群体中的存在感很低，父母要经常告诉孩子，爸爸妈妈很需要他，家人都需要他，教他学会在不伤害他人的基础上懂得如何正确地保护自己，而不是一味地退缩。比如，你可以说："你是我们家重要的一员，是个小男子汉，如果没有你，这件事可能就不会完美地完成啦！"父母尽量多给孩子表达意见的机会，并向他传授判断一件事情好坏的方法。

3. 多安排温馨时光

绿色性格的孩子内心缺乏安全感，父母要尽量多抽出时间来陪伴孩子，最好每天都安排一段时间作为绿色性格孩子的"温馨时光"，在这段时间里，让孩子来做主角，孩子想说什么就说什么，想做什么就做什么。

让孩子在这个"温馨时光"里体验到被尊重的感觉，父母不可以有批判、批评和说教，更不可以有指责，以后也绝对不可以拿这个时间里的话来说事。总之，要让孩子有充足的安全感，久而久之，孩子就会知道在"温馨时光"里自己是安全的。这样就能慢慢培养孩子的安全感。

4. 下指令的速度不要过快

绿色性格的孩子做事节奏比较慢，父母下指令的速度不要过快，否则孩子会跟不上，从而可能诱发亲子冲突。父母在和孩子谈话时，最好先蹲下来，仔细地询问一番，然后再适时地下指令。同时，下指令时的语速不要太快，这样才更适合绿色性格孩子的节奏。

并且，一次下达的指令数不要太多，过多的指令会让绿色性格的孩子无所适从，一旦他们觉得完成这些任务太难了，就会被困难吓倒，从而选择放弃或逃避。

5. 不要说"磨蹭"这两个字

很多父母会觉得绿色性格的孩子做事太过磨蹭，父母最好不要把"磨蹭"这两个字说给他们听。对于绿色性格的孩子来说，他们往往很难接受父母的直接批评，委婉的提醒更适合他们。

比如，父母在提醒孩子做事快点时，不妨这样说："宝宝再快一些可以吗？妈妈在等你，我知道你一定还可以再快一些；宝宝已经比以前快很多了，真好！"这样的表达方式更容易让孩子接受。

白色：完美主义者的化身

据统计，大约有15%的女孩和6%的男孩有较严重的完美主义倾向，他们在众多的颜色中，无一例外地喜爱白色，以及浅到极点的水蓝。因此，有专家给白色性格的孩子贴上了"完美主义者"的标签。

白色性格的孩子就像一张白纸一样，简单、纯洁，无论做什么，总是带着一种圣洁的生活态度。不过，随着年龄的增长，他们对颜色的喜好也会发生改变，纯粹喜欢白色的孩子很少，向往白色的却很多。通常这类孩子对白色的纯粹和美感怀有憧憬，因而十分偏爱白色的东西。

白色性格的孩子追求完美，一般是个志向高远的人，无论在学习上还是生活上，都抱有很高的理想和追求，并会为了实现目标而努力奋斗。不过，过于追求完美，往往会给身边的亲人或朋友带来较大的压力。

有一位 34 岁的高级会计师陈先生这样形容自己的儿子：在这个家里，我儿子就像是一个矜持的、无懈可击的客人。无论何时，他都会严格要求自己把事情做到最好，即使一个小小的瑕疵他都不会放过。

比如，写作业时，有一个字没有写好，他都会擦掉重新再写，直到满意为止。一小段钢琴练习曲没弹好他就显得很焦虑、很自责，然后不停地练习……看到儿子认真对待每件事的态度，有时候我都自愧不如。

最让我尴尬的是，儿子经常指出我和他妈妈的缺点，并监督我们改正。有时候，我甚至觉得他对我们也是不满意的，我们这一对大大咧咧的活宝，也不是他心目中的理想老爸和理想老妈吧。

可见，过于追求完美的白色性格孩子往往会给他人带来压力感和紧张感，这类孩子即使对关系亲密的父母都会挑剔，长此以往，也会令他自己和周围的人关系紧张。在人际交往中，白色性格的孩子总是在努力交朋友，又因完美主义情结而不能容忍他人的缺点而使关系变淡。

当然，白颜色给孩子心理的正面影响是严于律己，脚踏实地，一步一个脚印地去完成自己的梦想。偏爱白色的孩子个性正直、讲信用，不贪婪。但同时，白色也给孩子带来一些负面影响，比如让孩子意志力薄弱，容易缺乏信心。白色性格的孩子一般比较内向，不擅长人际交往，喜欢独处，这对成长极为不利。

对于内向的白色性格的孩子，父母要多给他们创造与同伴相处、交往的机会。闲暇时不妨多带他们到户外玩耍，帮助他们享受快乐的生活，比如晒晒太阳，或者在公园里看看风景都是很好的选择。

要给孩子足够的自由空间，让孩子自在地玩耍。如果孩子某件事情做得好，父母要及时对孩子做出表扬，从细节处赞美孩子的每一个进步。同时，在对孩子下指令时，千万不要一开始就对孩子提过高的要求，因为这会强化孩子的完美主义倾向。要循序渐进，逐步提高要求，让孩子呈阶梯式的进步。

褐色：纠结复杂的多面派

"天真无邪"是许多父母对小孩贴上的标签，但褐色性格的孩子却被贴上了"复杂"的标签，因为褐色性格的孩子多变，他们时而这样，时而那样，常常让别人揣摩不透他们的心理。就连他们自己也常常在多个自我之间纠结，不知道该坚持哪个自己，也不知道哪个才是真实的自己。

当其他小孩都顺利在"红蓝黄绿白"的世界领取到自己性格色彩的名片时，褐色性格的孩子却仍在寻找自己喜欢的颜色：哪一种颜色才是我喜欢的呢？他们在多种颜色之间纠结。褐色性格的小孩就是如此复杂，有着与年龄不太相符的成熟。

很多人以为小孩未成年，性格应该是比较简单的，但事实上是，小孩虽然年龄小，但由于受到外界环境诸多因素的影响，因而他们的性格不可能都是那么单纯，可能是红色和黄色两种性格的结合，也可能是红色、蓝色和绿色三种性格的组合。

褐色性格小孩的复杂性格主要来源于两个方面：一是来自家庭成员；二是来自环境。如果父母的性格存在差异，长期受父母的影响，孩子会同时遗传了父母的性格，孩子的性格就会变得非常复杂；或者孩子在家庭、学校和社会不同的环境中，他们就会自觉或不自觉地改变和变换自己的性格，最终导致他们的性格复杂多变。

褐色性格的孩子所具有的复杂性格，使得他们常常能很快适应新的环境，并且能够快速地变换角色。他们就像是一片拥有两面的树叶，两面的图案、纹络不尽相同，在爸爸面前他们呈现出柔弱的一面，在妈妈面前呈现出强势霸道的一面；在家里呈现的是这一面，在学校呈现的则是另一面。

因此，褐色性格的孩子给人的感觉就像是"变戏法"一样，他们在爸爸面前是小天使，爸爸说什么他们就做什么，从不敢反抗；可到了妈妈面前就会摇身一变，成为调皮的"孙悟空"，妈妈无论说什么他们都不听，且任性胡闹；到了学校，他们又变成一只温顺的小白兔，听话、乖巧，在老师面前胆子还有点小。

褐色性格的孩子之所以会如此多变，这与家长不同的教育方式有关。比如，蓝色的爸爸训练他们要遵守规则、脚踏实地；红色的妈妈则告诉他们要打破规则，敢于做梦；绿色的奶奶则对他们说，规则不是最重要的，小孩子最主要的是吃好、喝好、玩好、身体健康就好。

不同的教育方式使褐色性格的孩子学会了如何和不同的人打交道。于是，他在爸爸面前就是蓝色小孩，在妈妈面前就是红色小孩，在奶奶面前又变成了绿色小孩。因此，他们的性格特点就具有多面性，时而像蓝色，时而像红色，时而像绿色。

久而久之，褐色性格的孩子就给人留下了复杂、成熟、圆滑、多变的印象。他们可以随时随地根据环境的不同，而灵活地变换自己的性格或处理问题的方法：妈妈比较好说话，能接受我的胡搅蛮缠，那我就任性一些；爸爸喜欢坚持自己的原则，不轻易妥协，那我就听话一些。如果这件事情比较重要，我就坚持；如果这件事情微不足道，那么我就妥协。在他们的心中，有多种处理问题的方法，他们可根据需要随时地变换策略。

因为褐色性格的孩子在不同人面前表现出来的是不同的样子，甚至在同一个人面前也会因为不同的事情有不一样的表现，在生活中，他们仿佛会变魔法一样，但是这样的状态久了，褐色性格的孩子最终迷失了，他们没有自己的方向。

褐色性格孩子的好与坏还表现在另外一方面，就是与其他性格的孩子相比，他们拥有更多的优点和缺点。他们可以将多种性格的优点集中在一起，所以他们可能会比单色性格的小孩更优秀，也可能比单色性格的小孩更平庸。而众多的优点和缺点交织在一起，又使褐色性格的孩子看起来更复杂。

总之，褐色性格的孩子就是"复杂"的标签，他们如果想变得不纠结、不迷失，就必须先认清自己的内心，而这需要父母的帮助和指引。

第三章

精准解读：识别孩子的心理，引导孩子控制情绪

　　随着年龄增长，一些孩子的性格会变得越来越腼腆、内向，这种性格的形成是由多种因素造成的。如果父母想避免孩子出现这种性格，就要了解孩子各种行为背后的心理语言，并教会孩子学会控制自己的情绪，提高情商。可以这么说：教孩子学会控制情绪，将使他们受益终身。

了解孩子的心理发展特点

世界卫生组织提出："健康乃是一种在身体上、精神上的完满状态，以及良好的适应力，而不仅仅是没有疾病和衰弱的状态。"因此，家长不仅要关心孩子的身体健康，还要关心孩子的心理健康。

生活中，我们会经常听到有家长抱怨自己的孩子太难搞定，不知道他们幼小的心灵到底在想些什么。比如，冲动易怒爱打人，胆小怯懦，遇到不如意的事情就哭泣，发脾气时乱摔东西……孩子出现的这些不良情绪到底是先天性格，还是后天教育不当导致的呢？

其实，孩子的上述不良情绪通常属于心理问题，家长应该正视孩子的心理问题，并通过科学的手段帮助孩子纠正不良情绪。孩子只有学会控制自己的情绪，才能养成良好的性格。

要想让孩子学会控制情绪，家长就要先了解孩子的心理，走进孩子的心灵世界，知道孩子心里在想什么，然后再做出正确的引导。那么，不同阶段的孩子有怎样的心理特点呢？家长们应该如何去疏导才能达到更佳的效果呢？

1. 1~2 岁：喜欢说"不"、打滚撒赖、一意孤行、占有欲强、自私霸道

对于孩子的这些行为，有些父母很着急，并会采取一些强制手段试图改变孩子。事实上，孩子的这些行为都只是因为他开始有了自我的意识，但他们不懂得如何表达，甚至他们对自己的意图也没弄清楚。所以，对于这个年龄段的孩子父母要有耐心，不要采取强制手段，主要以疏导为主。

（1）做好安全防范。1~2岁的孩子不懂什么大道理，父母不要总是命令或告诉孩子这个东西太危险不能玩，那个东西不许碰，因为这些命令对于幼小的孩子来说，基本上起不到什么作用的。因此，父母还不如自己做好安全防范工作，将危险的东西放到孩子够不着的地方。

（2）掌握生活规律。由于孩子的语言表达能力有限，当他们感觉饥饿、口渴、想睡觉时，就会情绪烦躁，通过哭闹表现出来。父母应该掌握孩子的生活规律，在孩子陷入可能导致坏情绪的陷阱之前，及时采取恰当措施，如让孩子吃饱、睡觉、带他们到其他地方玩等。

（3）学会转移注意力。对于一两岁的孩子来说，他们的注意力转移得很快，上一秒也许对某样玩具很感兴趣，下一秒也许被某个食物给吸引。因此，父母要学会适时转移孩子的注意力。比如，你打算将孩子放到BB车里，他却拒绝坐进去时，你不妨拿些孩子感兴趣的玩具或食物来吸引他，等他心情愉快时，再将他放进BB车里去。

（4）不当观众。有时，孩子为了达到目的会通过哭闹、在地上打滚等方式，胁迫父母妥协，从而达到自己的无理要求。这时父母不妨"冷处理"，主动走开，将孩子晾在一边。当他觉得父母不愿意理他时，他也就会觉得没趣而自动爬起来。

（5）避免硬碰硬。对于这个年龄段的孩子，你问他任何问题，他都习惯性地回答"不""不要"，因此，在提问时，父母要掌握技巧，采用迂回的方法，避免硬碰硬。比如，你想让孩子洗澡，你可以这样问他："你想在澡盆里玩小鸭子，还是玩小水桶?"用玩小鸭子和小水桶来做诱饵，孩子自然就会愿意按照你的要求做出选择。

2. 3 岁：友善、平静，充满安全感，易于接受，也乐于分享，但性情不稳定

进入 3 岁后，孩子稍微变得懂事起来了，和爸爸妈妈相处时，说"不"的次数少了，取而代之的是分享或者依赖。他们喜欢爸爸妈妈陪着他一起做事情，一起和小朋友玩，睡觉前喜欢听妈妈讲故事。总之，他们特别依赖父母，只要父母放下手中的事情，把注意力放在他的身上，他就会露出开心的笑容。

但进入三岁半后，孩子的性格又会发生改变，表现为内向、焦虑，缺乏安全感。他的内心虽然缺乏安全感，但同时又想掌握主动权，去支配他人。当小伙伴们不听他的指令时，他就无法控制自己的情绪，可能发生哭闹、打人、咬人等行为。

对于孩子的这些行为，父母常常会给孩子贴上"胡搅蛮缠，不讲道理"的标签，事实上，孩子是由于处在身心不稳定的状态。因此，孩子的日常生活起居，父母要多费精力、多花心思来处理。妈妈要允许孩子发泄自己的情绪。当孩子情绪稳定后，父母要多抽出时间陪伴孩子，和他们玩喜欢的游戏，或做孩子感兴趣的事。

3. 4~5 岁：活泼好动，喜欢角色扮演

这个阶段的孩子很难安静下来，总是手脚不停地变化姿势和活动方式，父母觉得这个年龄的孩子很顽皮、淘气。并且，在此时期孩子的探索欲和行动力都大得惊人，这时父母不妨多带孩子出去游戏，来消耗他们的体力和精力。

如果没有时间外出，父母可以带着孩子一起做家务劳动。当然，这个时候，更多的是让孩子参与劳动的过程，孩子干活的结果，不一定能达到大人的标准，但是重点是让孩子参与。劳动既可以增强孩子的家庭责任感，也可以让孩子掌握一些生活小常识，比如：花盆里的土是用来种花的，而不是要撒在床上和房间里的；纸巾是用来擦手的，而不是拿来抽着玩的。

此外，这期间的孩子，非常喜欢玩一些角色扮演的游戏，而且孩子还能简单的计划游戏内容和情节，会自己安排角色。此时，父母可以为孩子挑选一些故事剧情，试着让孩子做导演，安排自己喜欢的角色，家长只需要陪伴他一起，听他的安排即可。

4. 6 岁：极端、争强好胜、蛮不讲理

进入 6 岁后，孩子就会呈现出两种不同的性格，比如，在学校里，他就像一个乖巧听话的小绵羊，从不违抗老师的命令。在家里，是一个任性、调皮的小霸王，想干什么就干什么。也因为两极化，把笔画或数字反写是很常见的现象。

这个时期的孩子就像小大人一样，有了一定的思考能力，还比较顽固、自负、蛮不讲理。其实，他这么做的目的是为了建立和增强自己的安全感。他的内心很敏感，常常会因为一点小事而受伤。此时，孩子与父母的关系也常常游走于两极之间。他心理上既深深地依赖父母，同时又尝试着按照自己的意愿去做一些事情。

虽然他们总想自己去做一些事情，可行为上却笨手笨脚，常常因为把事情搞砸而闷闷不乐。因此，父母也要多关注他的心理健康，及时疏导孩子的不良情绪。

5. 7 岁：孤独、退却

到了 7 岁，尽管孩子也有快乐的、生机勃勃的时刻，但更喜欢安静、独处，并且面对困难与挑战时，第一个念头就是逃避。父母和7岁孩子相处的主要技巧是：

（1）要有耐心。因为7岁孩子做事情比较慢。父母要求孩子做事情时，尽量提前预报、明确指示、多提醒和耐心等待。

（2）善于倾听。在和孩子沟通交流时，父母要多给孩子讲话的机会，做一个忠实的倾听者。比如，孩子向你倾诉同学和老师如何讨厌他、瞧不起他时，父母可以简单地当"录放机"："哦，你觉得同学们讨厌你了。"也可以拥抱他一下，然后询问一下原因。在这个过程中，父母要接受孩子的感觉，然后引导他们转向积极、健康的一面。

（3）说话留有余地。假如你想让孩子参与到家务劳动中，孩子却不情愿地抱怨说："你为什么总是叫我干活，想累死我呀。"对于孩子的抱怨，父母切不可发火斥责，你可以微笑着回答："你可是我们家庭中的小成员哦，有义务参加劳动。你看我们俩是不是能计划一下，以便做起来得心应手些？"这种说话方式更容易让孩子接受一些，使他不致断然拒绝你，从而留下回旋余地和引导的机会。

（4）遵守规则。对于7岁的孩子来说，有必要让他遵守一些规则，培养他们的规则意识。如果你和孩子一起制定了一项规则，那一定要坚持做到，而不是一遍又一遍地督促而不付诸行动。那样你的孩子会把你的话当成耳边风。

6. 8~9岁：有想法、会表达、盼独立

这时候的孩子处在青春期的过渡期，很多能力都在快速发展着，表现出一些小大人的特征，譬如举一反三、时间分配、理解和解决问题、交互式社交等。由于认知能力的提高，他们开始明确地知道自己想要什么，不想要什么，并有一些独立的见解。

孩子这些能力的提高本来是一件好事，但却给家长带来了极大的困惑，认为孩子的思维太活跃，表达的东西有时让人出乎意料，难以驾驭。

与8~9岁的孩子相处，父母要掌握以下技巧：

（1）无条件接纳。父母不仅要善于发现孩子的优点和闪光点，也要无条件地接纳孩子的缺点。尽管那些缺点让很多父母看不惯而头痛，也要坦然面对。因为这些问题基本属于孩子心理发育过程中的正常现象而已，无条件接纳是硬道理，然后再采取适当的方法帮助孩子克服这些缺点。

（2）顺应孩子心理。知道了孩子的心理发育规律，那就去顺应孩子的心理吧！否则，越去管制，效果越不好，事与愿违。父母与其去堵，还不如跟孩子达成阵线联盟，给予更多的理解和爱，或许采取这种疏导的方式会有更积极的作用呢！

（3）用心陪伴。父母是孩子最亲密的人，他们需要父母的关心与陪伴。因工作原因，很多父母陪伴孩子的时间很少。尤其是在互联网时代，导致人与人之间的实际有效交流越来越少，很多家长上网、看电视和手机的时间远远多于陪伴孩子的时间。即使是在陪伴孩子，也是心不在焉的低质量的陪伴。这种低质量的陪伴不利于亲子关系的发展。因此，父母每天应该有15~30分钟无任何干扰的来陪伴孩子。

（4）不抛弃、不放弃。很多父母对孩子有很高的期望，可是期望越高，失望越大。当孩子经过努力，仍然达不到父母的期望时，一些父母就会暴跳如雷，责骂、惩罚孩子。或者会因为对孩子失望而选择了放弃，放任自流，这是最不可取的。一定更要坚持住无论何时对孩子不抛弃、不放弃的态度。

7. 10～14 岁：认知力提高，自我意识增强，情感丰富，自尊心强，但比较脆弱敏感

10～14 岁的孩子由于从课堂上和各种信息渠道学到了大量的知识，较高的知识储备量增长了孩子的见识，他们的认知能力得到提高，自我意识增强。但孩子的自我意识发展方向若有偏差，很快就会成为问题孩子。因为以往建立起来的正确认知和分辨力，会随着他们破坏规则和违反纪律的胆子逐渐增大，使专注力转移到调皮捣蛋上来，这会极大地影响学业的发展。

同时，青春期的孩子情感意识提高，情感需求更现实，往往集中在吃、喝、玩、乐、学方面更多一些。对于他们的需求，父母若能全部满足，孩子就会认为自己的父母非常好，凡不能完全满足时，则会内心有不满，认为父母对自己不好。

现实需求满足与否，考验着家长的智慧。聪明的家长往往会制定合理的家庭规则，通过教育和引导让孩子清楚哪些可以合理地满足，哪些则不能，只要坚持原则保持底线，孩子适应之后就会自觉遵守。但很多家长缺乏规则意识，经常会直接拒绝孩子，甚至无理的斥责，致使情感沟通的顺畅度较以前有明显的下降。

对于青春期的孩子来说，内心希望得到父母、同学、伙伴的尊重、欣赏、赞美。若父母直接拒绝孩子的要求，孩子就会觉得自尊心受伤。不管父母批评得对与否，都会非常敏感地进行自我保护，对自尊保护常会让他们不分是非对错，对批评他们的人产生不满情绪。

并且，孩子有时候会通过谎言、找借口等方式来维护他们的自尊。因此，这就考验父母的智慧，如果父母把维护孩子的自尊放在首位，对于孩子做错事后的教育和引导就要格外谨慎，不能像以往那样直奔主

题，而应收集证据，或择机进行委婉的暗示，或者在孩子几次犯错后集中进行教育，那样才会让孩子真正意识到自己的错误，并改正错误。

以上为不同年龄段的孩子心理发展特点，父母只有了解孩子在各阶段的心理特点，才能有效、及时地做出指引，培养孩子养成良好的性格。

如何让孩子有一个健康的心理

近年来，孩子的心理健康已经得到了越来越多家长的重视。但是，儿童心理与精神健康的整体水平却不容乐观。从心理健康到精神疾病，是一个由量变到质变的过程，关注孩子的心理健康迫在眉睫。

关注孩子心理健康，就需要先了解孩子的心灵。对于这一点，有的父母持这种观点："孩子是我生的，我从小把他养大，还能不知道他内心的想法吗？他脚趾头动一下，我都知道他在想什么"，事实上，父母与孩子之间存在代沟，最主要的原因就是不了解孩子的心理，不知道他们真正的需求是什么。

因为不了解孩子的心理需要，在面对子女的反常行为时，有的父母往往采取粗暴简单的教育方式；有的父母则在孩子成长中所面临的各种生理、心理问题时，由于不能正确及时地给予指导和帮助，从而导致孩子产生心理障碍。

薇薇是一名初二女生，自从上了初中后，她感觉和父母的共同话题越来越少，沟通交流也随之越来越少。从小，母亲一直对她要求很严格，无论大事、小事都要对她一讲再讲，尽管薇薇已经记住了，可是妈妈仍然唠叨个不停，这让薇薇很烦躁。

薇薇的爸爸由于工作忙碌，只在周末才能回一次家。而爸爸对薇薇的关注焦点在于她的学习成绩。学习成绩好了，爸爸会开心地带她吃好吃的，出去玩。学习成绩差了，爸爸就会板着脸，批评她："你咋就不能争点气呢？爸爸拼死拼活地工作，为你提供一个好的学习环境，你咋就不知道珍惜呢？"

除了成绩外，爸爸就像一个隐形人一样，薇薇有时想，她的父母怎么不像其他同学的父母呢？但父母还总是口口声声说是为了她好。所以每次回到家，想到妈妈的唠叨，薇薇总是心烦气躁，有时她甚至想逃离这个家庭，离得越远越好。

同样，薇薇的妈妈也很苦恼，她觉得女儿自从上了初中后，和他们之间的关系不再那么亲密了。周末难得回家，但在一起的时候薇薇与他们说的话却越来越少。在薇薇生日时，她特意请了很多同学到家里来，可是薇薇却要她和他爸爸到外面去吃饭，这让她觉得她和女儿的心理距离越来越远。

有时，她对薇薇的学习、生活多说几句，薇薇就显得十分不耐烦，有时甚至还要生气摔东西……她十分困惑，从前乖巧可爱的女儿怎么变得这么让她琢磨不透，她真不知道女儿的心里到底在想些什么。

薇薇的事例告诉我们，孩子的成长过程中，父母除关心孩子的学习成绩之外，还要关注孩子的心灵变化。假如忽视了孩子的心理健康问题，父母与孩子之间的关系会越来越疏远，孩子也会在不良心理影响下，产生一系列的负面作用。那么，如何才能让孩子拥有健康的心理呢？

1. 和孩子保持亲密关系

大多数父母比较重视孩子的学习教育，却忽略了如何和孩子保持良好的关系。其实，心理专家主张"关系大于教育，关系先于教育"，如果发现孩子有问题，首先要改善亲子关系。

要知道，孩子身上的很多问题都与父母息息相关。假如孩子对父母和自己的亲密关系不满意，性格就会变得逆反，比如父母要他好好读书，越说他越不读。只有和孩子结成彼此非常信赖的关系，父母的引导才能顺利地实现。父母和孩子的亲密关系是一条隐蔽的信息链，虽然是潜在的，却是重要的。

2. 对孩子的期望要适度

每个父母都希望自己的孩子乖巧听话，因此，在养育孩子的过程中，总想将孩子打造成他们所期望的样子，对孩子实施了过度教育，结果反而对孩子造成了人格上的扭曲。

有关专家指出，如果父母对孩子期望过高，支配过多，会给孩子很大的压力，他们的心理变得很脆弱，常常为了避免错误而放弃自己的创造性，放弃克服困难来学习的机会。受此影响，就会抹杀掉孩子的创造力和想象力。另外，长期生活在压抑的环境下，孩子的性格会变得扭曲。因此，家长对孩子的期望不应过高。

3. 少指责、多鼓励

孩子作为独立的个体，父母要尊重孩子，即使在孩子失败时，也不要随便地将"真笨""没出息"之类的帽子强加在孩子的头上。父母应当帮助孩子分析失败的原因，然后对症下药，采取措施。

在孩子不断努力的过程中，即使孩子进步了一点点，父母也要及时地给予不同形式的表扬与肯定。面对孩子的错误和失败，家长应采取科学的教育方法，帮助孩子从"失败"走向成功。

4. 尊重孩子，以理服人

许多家长常常以"孩子还小，什么都不懂"为由，剥夺孩子的自主权。其实，孩子虽小，但也有自尊心，父母应平等对待和尊重他们。而在发现孩子有了缺点或错误时，父母千万不要采用简单粗暴的语言对孩子进行人身攻击，更不能不分场合地对孩子进行体罚，使孩子失去自尊，从而产生反感情绪或叛逆心理。任何时候，教育孩子都是以尊重为前提的，只有以理服人，才能使孩子形成健康的心理。

总之，在家庭教育中，父母要想与孩子之间建立起良好的亲子关系，就需要给予孩子充分的理解、尊重。在关键时候，做孩子的指路人，引导孩子在正确的道路上前行。但同时要让孩子明白：他必须为自己的选择承担相应的责任。只有这样，孩子才能拥有健康的心理状态。

看穿孩子胆小懦弱背后的自卑心理

一些父母有过这样的经历：孩子性格内向害羞，每当家里来客人的时候，自己就躲在房间里不出来；让他和客人打招呼，他却扭扭捏捏，躲在父母背后，半天也吐不出一个字。孩子的这种表现让父母很头痛，为何原本性格活泼开朗的孩子在懂事之后越来越缺乏自信，越来越懦弱、胆小了呢？其实，这是孩子的自卑心理在作怪。

自卑会给孩子带来一系列的负面影响，这让很多父母想不通，因为在他们眼中，自己的孩子生活在物质充足的环境中，衣食无忧，怎么可能培养出自卑的性格呢？其实，自信和自卑往往就像光与影，总是形影相伴。只要有光的地方就一定会有影子，即使是再乐观自信的孩子，在他们内心深处也会有一小处让其感到自卑的地方。哪怕是一个小小的缺点，他也会无限放大，成为妨碍自信的绊脚石。

乐乐在学校是个比较乐观、自信的孩子，虽然他的体型稍微有些胖，并因此得了"胖子"这个外号，但他似乎一点都不受外号的影响，整天乐乐呵呵的。

然而最近这段时间，老师却发现乐乐内心的自卑一点都不比别人少。原来，学校为了庆祝六一，安排了一场联欢会，乐乐的班级节目是表演体操舞，当听说全班同学都上台跳体操舞时，乐乐找到老师，说他不愿意参加。

经过询问，老师得知乐乐因为自己有点胖，怕上台跳舞招来其他同学的嘲笑。

在这个案例中，即使乐乐是一个乐观开朗的孩子，但他也会因为自身的一些"小缺陷"而自卑。在心理学家们看来，每个人都会有先天上的生理或心理缺陷，而这些缺陷会成为人们自卑的源泉。同样，孩子自卑是因为缺乏自信，他总是用自己的短处和别人的长处作比较，认为自己在某些方面不如他人。

有些孩子的心理极其敏感、脆弱，别人的一个眼神、一句话都会戳中他的自卑点，让他们陷入消极情绪当中。还有的孩子则会因为自身的缺陷容易变得消极悲观，特别是在受到同伴的嘲笑时，他们会深深地感到自卑。

造成孩子自卑心理的原因有很多，作为父母，要帮助孩子建立积极情绪，避免出现自卑等问题，以下几点方法尤为重要：

1. 积极的心理暗示

父母在对孩子进行引导时，要通过鼓励的语言，让孩子在心理上产生积极向上的动力。比如，经常对孩子说："你一定可以做到""你这次做得非常好""这样做太棒了"等词语是可以给孩子良好心理暗示的，让孩子产生自信。

而消极的语言则会打击孩子的自信心，使其产生自卑感。因此，父母不要总是说出"这很丑""这些一点意思都没有""早晚要失败"这样的话，如果父母总是给孩子消极的心理暗示，孩子就会变得自卑、不够积极。

除了语言上的暗示，行为、环境等也可以帮助积极心态的建立。平时，可以和孩子一起进行昂头挺胸式的快走运动，这种运动可以赶走孩子心头刚刚萌生的自卑情绪。在环境方面，不要总让孩子躲在一个角落，坐公车也好、到学校上课也好，多坐到位置显眼的前排，能让孩子更容易摆脱孤僻、自卑。

2. 鼓励孩子多参加集体活动

一般来讲，胆小、自卑的孩子喜欢独处，害怕参加集体活动。即使参加集体活动，他们也会坐在毫不起眼的角落。因此，他们在群体活动中的存在感很低。父母应该带着孩子多参加小朋友之间的聚会、游戏等活动。特别是那些可以在户外进行的游戏，如"老鹰抓小鸡"类的游戏，或者是角色扮演类的游戏，如"小红帽的故事"。这样能让孩子逐渐打开封闭压抑的内心，同时因为户外游戏的放纵，可让孩子慢慢敞开心扉，从而与其他小朋友们更融洽地相处。

3. 让孩子有感受成功的体验

自卑的孩子在做事情之前，常常会担心自己做不好而遭到他人嘲笑或父母的责备，其实这是对成功认识不足的表现，家长可以有意识地安排孩子体验成功的滋味。比如，先将一些简单容易的事交给孩子来做，当孩子完成后，一定要夸奖他做得好。例如让孩子在吃过饭后将碗盘拿到厨房，然后表扬孩子："你做得可真好，妈妈工作一天太累了，要不是你帮忙，都做不完家务了呢！"总之，家长要多给孩子体验成功的机会，让孩子觉得自己还是很棒的，当成功经验积累到足够多时，孩子就会变得越来越自信。

4. 教孩子扬长避短，学会心理补偿

如同"尺有所短，寸有所长"一样，每一个孩子都有自己的长处和短处。如果用自己的短处去和他人的长处做比较，就连天才也会丧失信心；相反，一个人若能扬长避短，就会信心满满。

因此，要消除孩子的自卑心理，就要善于发现他们的长处和优势，并为他们提供发挥长处的机会和条件，让孩子理智地对待自己的短处，并找到扬长避短的方法，从而把自卑转化为一种奋发图强的动力。这也是帮助孩子战胜自卑心理的关键。比如，孩子喜欢唱歌和讲故事，父母就可以从这方面去培养孩子，多带他参加一些相关的比赛活动，并记录下来，展示给更多的人欣赏，帮助孩子克服自卑，增强自信心。

学会分享情绪，才能亲近孩子

在孩子成长的过程中，如何教孩子管理自己的情绪，并培养他们的情商？面对孩子的消极情绪，很多父母会粗暴地训斥："哭什么哭，别哭了。再哭就出去哭！"当孩子的负面情绪得不到释放，积压久了很容易产生心理疾病。

无论是生活中，还是学习中，孩子遇到麻烦或不开心的事，都会有自己的小情绪。当孩子负面情绪出现时，家长应该分担负面情绪带来的影响，从而帮助孩子排遣负面情绪。这样才能走进孩子的内心，拉近彼此的心理距离。倘若父母用粗暴的方式对待孩子的不良情绪，孩子没有发泄情绪的途径，久而久之，就会影响他们的心理健康。

强强出生于一个富有的家庭，爸爸妈妈给他提供了优越的物质生活条件，无条件地满足他的各种需求。不过，在学习上爸爸妈妈对强强很严格，除了学校的学习外，各种各样的课外补习班将他的时间占得满满的。爸爸在给强强安排这些课程时，从不征询孩子的意见和感受，即使强强反抗，爸爸也会非常霸气地说："让你学你就学，哪来这么多废话。"

奔波于各种课外补习班让强强非常疲倦，回到家里，他常常一言不发地回到自己的房间。妈妈喊他出来吃饭，他也不想回应。一连好几天，强强都是这个样子，爸爸和妈妈不知道为什么他会变得沉默寡言，不禁担心起来。

过了几天，爸爸接到补习班老师的电话，说强强已经好久没来上课了。到了晚上，强强刚回到家，爸爸就怒气冲冲地责问他为什么不去上补习班。强强满不在乎地说："这些枯燥的补习班让我很厌烦，一点意思也没有。"随后，气急的爸爸暴打了强强一顿。

没想到，到了第二天傍晚，强强始终没有回家。后来，爸爸到强强的房间查看有什么异常，在抽屉里找到了一封信。大致内容是，自己从来得不到爸爸的关怀，只给物质上的满足，内心感觉很压抑而又无人倾诉。

看到强强离家出走，爸爸这时慌了，他对自己过去的做法非常懊恼。后来，在老师和同学的帮助下，强强被找到了。在以后的日子里，爸爸和妈妈非常注重与强强进行情感交流，再忙也会抽出时间说说心里话。爸爸学会了站在孩子的立场考虑问题，学会了分享孩子的情绪，一家人变得和睦融洽。

在这个案例中，强强的爸爸妈妈刚开始不重视孩子的情绪，霸气地替他做一切决定，以为这就是爱孩子，其实，他们根本没有考虑过孩子是否愿意上这些补习班。从而导致强强越来越沉默，与父母的关系也越来越疏远。后来，当他们学会站在强强的立场考虑问题，积极地关注强强的情绪变化时，亲子关系变得很融洽。

因此，在家庭教育中，善于分享孩子的情绪体验，家长才能亲近他们，成为他们心目中值得信赖的人。然而，习惯以命令式的口吻教育孩子，甚至千方百计地控制孩子，正在成为许多家长的教子之道，这不能不说是一种遗憾。

显然，很多父母习惯以自己过往的经验阅历替代对孩子情绪的了解、分析和判断，结果他们总是得出错误的结论，与孩子的矛盾也与日俱增。忽略孩子的内心感受，这是亲子之间产生抵触情绪、关系疏远的重要原因。时间长了，必将严重影响孩子的心理健康。

孩子由于年龄较小，情绪掌控能力低，父母要多与孩子沟通交流，及时了解孩子在生活中和学习中的情况。当他们遇到麻烦和困难时，给予适当的帮助和指引。学会与孩子分享情绪，帮助他们走出困境，不仅是孩子健康成长的需要，也是密切亲子关系的重要方式。

对家长来说，在孩子的成长过程中，关注孩子的情绪变化与心理需求，能够及时帮助他们摆脱不良情绪的困扰。当孩子需要帮助的时候，如果家长没有及时给予援手，不仅会让他们感觉你不称职，也会损害孩子的心智。

首先，多站在孩子的立场考虑问题，无论遇到任何问题都要加强沟通。沟通就是分享的过程，你与孩子保持平等的身份，自然容易赢得他的信任。家长端着架子训诫孩子，最容易让他们产生抵触情绪。如果无法亲近，你又怎么能够相信孩子会说出真心话呢？

其次，在沟通与观察的基础上，说出孩子内心的感受与需求，更容易令其感同身受，得到理解和温暖。比如说："你看起来很生气？""你很难过是吗？""你现在一定很生气吧？"家长与孩子平等交流，准确说出孩子的心理诉求，会让他们对你产生信任感、依赖感。有了这个基础，他们自然会主动与你分享内心的情绪体验。

同时，家长可以帮助孩子把负面情绪转化为能量。情绪转化的方式有很多，比如，9岁、10岁的孩子，可以通过写日记、画画的形式来转换情绪。也可以通过倾诉、表达和唱歌来转化，还可以通过运动锻炼和玩耍来转化。家长可以根据孩子自身情况，找到一个适合情绪转化的方式。

总之，父母要牢记一点，不要与孩子的情绪为敌。孩子的情绪来得快，也去得快，只有学会理解和包容孩子的情绪，才能在分享中找到应对之策，帮助孩子解决成长道路上的难题。

自制力是管控情绪的钥匙

"自制力"是一个人能够自如地控制自我情绪和行动的能力。自制力强的人往往能够控制自己的情绪，即使他因为某件事情非常生气，但是他会理智地提醒自己，生气是错误的，不能采取过激的行为。而自制力弱的人，当遇到不开心的事情时，往往会控制不住自己的情绪，乱发脾气。

自制力有利于激励人们按照正确的方法果断采取行动，同时也会对不符合既定目的的情绪和行动采取有效抵制。因此，父母要想提高孩子的情绪管理能力，就要先提高孩子的自制力。不管大人还是孩子，都需要自制力来控制自己的情绪。一般来讲，自制力好的孩子往往会很快调节好情绪，而自制力差的孩子就会管控不住自己，他们会通过发脾气、哭闹等方式来宣泄自己的情绪，久而久之就养成任性、不讲理的性格。

茜茜从小体弱多病，家人为了照顾她的情绪，经常顺着孩子的心愿。这种情况一直持续到茜茜 5 岁的时候，但是她的脾气已经变得糟糕透了。

逛街买东西的时候，只要茜茜看到自己喜欢的商品就要买，如果父母不答应，就当众躺在地上打滚，大哭大闹。父母一看到周围人的眼光，就会答应茜茜的要求。吃饭的时候，茜茜稍不满意就把筷子扔到一边，大声抱怨饭菜不好吃。只要父母多说两句，她就立刻号啕大哭。

上幼儿园第一天，茜茜坚决不进幼儿园门。无奈之下，父母只能陪伴在孩子的身边，这一陪就是两个星期。茜茜玩耍的时候突然想到父母，假如看不到他们的身影，就会立刻哭闹起来，根本不管他人的劝解。

对此，父母非常无奈，后悔过去对孩子太过骄纵。虽然茜茜有时候也知道自己做得不对，并向父母保证绝不再犯，但是不久又变回老样子。

在这个案例中，茜茜虽然知道自己的做法是错误的，但是等到下一次，她仍然无法控制自己的情绪，不能按正确的方法去做。为什么茜茜的自制力这么差？到底如何培养自制力呢？

儿童自制力差是正常现象，由于年龄特点和发展水平的制约，他们不可能有效地控制住自己的情绪和行动。那么，背后的原因有哪些呢？

首先，与儿童的生理发展水平有紧密的关系。儿童的大脑中枢神经还没有发育完善，遇到兴奋的事情时缺乏自我控制力，容易产生某些过激行为。

其次，与儿童所处的环境相关。成长环境顺利，一旦遇到逆境，儿童的自制力就会失去掌控。许多父母都会顺着孩子的心愿，不愿意违背他们。结果，以后稍有不顺心，孩子就无法承受，控制不住自己的情绪，表现为个性脆弱。

既然儿童自制力这么重要，那么父母应该如何培养孩子的自制力呢？

1. 良好的习惯是培养自制力的第一步

父母要培养孩子良好的生活习惯，并制定规则来监督孩子执行。比如按时睡觉、起床，定量饮食，不挑食、不偏食等。孩子若每天按照规则执行，长此以往，他们的约束力就会慢慢增强，知道定时定点应该做什么。有的家长为了培养孩子的自制力，将他们送到寄宿学校，过集体生活，这不失为一个好方法。

2. 让孩子对自己的行为做出评价

在日常生活中，父母可以让孩子对自己的行为做出评价。刚开始，可能孩子并不会评价。这时候，父母可以给孩子讲一些寓言故事，让他们讲讲自己喜欢谁，为什么喜欢，然后循循善诱，告诉他们这样做事的正确与否，由此延伸到孩子身上，并督促其对自己做的事情做出评价。这样，孩子慢慢地会按照他们眼中的是非曲直来行事，约束自己的言行。

3. 利用适当的奖励和惩罚

没有规矩不成方圆，父母应该给孩子制定规则，告诉孩子什么事情可以做，什么事情不可以做，并让孩子知道为什么不能这样做。让孩子学会克制自己不合理的欲望，自我克制也就是自制力。

为了让孩子能够更好地遵守规则，父母可以适当地制定一些奖惩制度。比如，当孩子严格遵守规则时，可以给他买个小玩具，或者奖励孩子喜欢吃的零食。通过奖励可以使孩子得到用自制力取得成功的快感体验，有了进一步增强自制力的信心。而当孩子违反规则时，可以罚孩子打扫卫生、洗碗、抄写等。通过惩罚，让孩子意识到遵守规则的重要性。

4. 将自制力融合于游戏中

父母可以利用孩子喜欢游戏的天性，将自制力训练融合于游戏当中，往往更能吸引孩子。在选择游戏时，父母可以根据孩子的特点，选择合适的游戏。例如：老鹰捉小鸡、拔河、捉迷藏及足球、篮球等球类游戏。这类游戏一般都是团体类的游戏，建议以小组竞赛的形式进行。孩子在团体游戏中，集体观念逐渐增强。同队的孩子为了赢得比赛而互相提醒鼓励，这样孩子们的合作和交往能力就能得到提高。

不过，在为孩子选择游戏时，应充分体现游戏的趣味性。孩子对游戏的兴趣越浓，游戏的效果越好。父母不能为了追求教育目的而忽视趣味性，否则游戏又变成说教了，从而引起孩子的反感。

帮助孩子学会表达情绪

随着年龄增长，孩子的感受和情绪会逐渐丰富和成熟，愤怒、羞辱、高兴、骄傲、兴奋、哭泣、恨、害怕等情绪会显现出来。面对孩子的各种情绪，父母要进行有效的引导，这对孩子的性格发展起着非常重要的作用。

然而，在传统的教养方式中，父母常常忽略并压抑孩子的情绪。比如，当孩子哭的时候，一些父母会责备孩子说："做人要勇敢，不能哭，好哭的孩子会被警察叔叔或灰太狼给抓走……"这种制止孩子哭的方式会让孩子压抑自己的情绪，不利于心理健康。

当孩子因为心情不好而哭泣时，说明他可能遇到了困难或者解决不了的问题，此时，他的情感处于最脆弱、最需要安慰的时刻，父母不仅要允许孩子哭泣，还要及时了解孩子哭泣的原因。只有搞清楚原因，才能对症下药，对孩子进行合理的引导。

陈扬一进门就哭着对父母说："我被狗咬了一口。"说完又大哭起来。妈妈赶紧给他的伤口消毒，一边安慰他说："你别紧张，妈妈带你去医院。"在去医院的路上，陈扬的眼泪一直没有断。

到了医院，医生说："没事，只要按时打针就行了。"听完医生的话，陈扬马上破涕为笑，说"我会按时来打针的。我不会死吧？"医生笑了："怎么会呢，现在疫苗的效果很好，你及时采取了措施，不会有事的。"

原来陈扬从新闻上看到有的孩子被狗咬了以后，因病毒发作而死亡，因此，他很怕自己会像新闻上的那个孩子一样死亡，所以吓得一直哭个不停。当得知自己安然无恙时，便马上露出了笑脸。

哭泣是孩子释放情绪的一种方式。和大人相比，孩子的行为目的性更强，在父母或朋友面前哭诉，将自己脆弱的一面展现给他们，是希望对方能给予他真正的帮助，寻求解决问题的方法，并不只是获得心理上的安慰。此时，父母要做孩子坚强的后盾，不仅允许孩子发泄自己的情绪，还要学会有效引导，教会孩子正确表达情绪。

因为每一种情绪都需要表达，而不良情绪也要释放出来，如果强行压制情绪，只会带来更大的反弹。比如，有些孩子会选择一种保护自己避免直接被父母责骂的消极抵抗方式，久而久之，还会形成被动攻击的性格。

另外，如果父母因为自己的情绪不好，就拒绝孩子的倾诉，这也会让孩子变得不愿倾听，不顾及别人感受，同时，亲子关系也会变得疏远，孩子关闭自己的内心，什么事都憋在心里，久而久之，父母与孩子之间就产生了隔阂，了解孩子的内心就无从谈起。

作为一名合格的父母，应该是自己少点情绪，多让孩子表达情绪。父母千万不要给孩子的不良情绪贴上"不懂事"的标签。只有允许孩子表达不满，他才会向父母敞开心扉。那么，父母该怎样鼓励孩子表达情绪呢？

1. 说出来

父母可以鼓励孩子将自己不满意、不高兴的事情说出来，这也是孩子宣泄不良情绪的一个途径。当然，这里的"说"也要讲究方式方法，不是不分时间、地点、场合的乱说，而是要有计划、有策略地让孩子说。

首先，要给孩子创造一个安全的环境，比如，在家里说出来，而不能在众目睽睽下说出来。其次，孩子的倾诉对象还应该是一个让他觉得安全的人。其实，在孩子的心目中，有时父母并不是最安全的人，这个人也可能是自己的爷爷奶奶，或者是自己的叔叔、姑姑……在孩子表达完自己的情绪后，父母不能马上就指责，而是要学会接纳，让孩子能感受到他是被理解的，这样孩子的心里才会舒服些。

2. 写出来

对于不善言辞的孩子来说，表达情绪的最好方式就是写出来。因为，人在书写的时候，不仅可以记录自己的心情，还可以整理自己的思绪，同时也完成了对自己心路历程的一个审视。当一个人站在旁观者的角度审视自己的情绪时，他会对自己的处境、状态清晰许多……所以，父母鼓励孩子通过日记记录自己的心情，同样可以起到宣泄、转化情绪，做好情绪管理的效果。

3. 画出来

如果你的孩子既不善于表达，也不喜欢写日记，那就让他用画画的形式来表达自己的情绪吧。每个人都是天生的画家，当孩子情绪不好时，不妨让他去画一幅画，将自己的心情用画表达出来。画画的过程和他书写的过程是一样的，透过另一种形式，他也会从另一个视角洞察自己的情绪，平复自己的心境。

4. 给孩子"心理玩具"

心理学家做过这样一个实验：将每天发生的好事记录下来，并写出感觉不错的原因；将能展现自己美好一面的事情写下来，并每天去温习。研究发现，每天坚持做这件事情的人，幸福感会得到提升。

父母不妨也引导孩子这样做。每天抽出一点时间，和孩子一起想想当天发生的让人感觉愉快的事情，并将这些好事在笔记本上记录下来。或者给他准备一个小白板、做个展示墙，随时记录。或者给孩子准备一个好事宝盒，把能引起孩子美好回忆的东西或照片，都存在里面，有空就翻出来看看……

当孩子情绪不好时，可以让孩子把这个好事宝盒拿出来看看，那些美好的事情会淡化孩子的不良情绪。总之，孩子的感情和情绪是比较丰富的，父母要让孩子学会表达自己的喜怒哀乐，这样才能利于亲子关系和心理健康，从而有益于孩子养成良好的性格。

友谊有利于疏导孩子的情绪

在米里亚姆·科恩的著作《我会有朋友吗》中，故事中的主人公吉姆在第一天去学校的路途中，问父亲：他是否会有朋友？这个问题几乎出现在每一个将要入学的儿童脑海中，这个问题也显示了儿童社会性和情感发展的一个重要特征：建立和维持友谊。

心理学研究表明，友谊潜移默化地影响着孩子的很多方面：朋友多的孩子，性格开朗活泼，情绪稳定、能够与人友好相处，而没有朋友的孩子则伴有更多的攻击性行为和情绪问题；有良好朋友圈的孩子能够快速适应新的环境，而缺少朋友的孩子在陌生环境下，需要花很长时间去适应和调节他们的行为；当遇到困难或者不开心的事情时，有亲密好友的孩子可以通过倾诉得到理解和宽慰，从而使自我心态积极向上，而没有亲密好友的孩子则会郁闷哭闹，缺乏释放压力的途径，产生消极情绪。由此可见，同伴之间的友谊有助于培养孩子的良好情绪。

倩倩和凡凡是一对双胞胎，两人外貌长得非常像，但是性格上却迥然不同。随着两人一块上学之后，这种性格上的差异表现得就更加明显了。

倩倩性格外向活泼，乐于和小朋友玩耍。小伙伴的铅笔丢了，她会主动拿出自己的铅笔借给对方；下课的时候，她总是和小朋友一起玩游戏，跳皮筋、丢手绢，大家都喜欢她参与进来；回到家中，倩倩总是围绕在父母身边，告诉他们今天哪个小朋友送给自己糖果，同时也告诉妈妈她帮助了谁。

相反，凡凡却大不一样。她总是喜欢坐在教室里，独自一人画画、写字；下课后，凡凡一般也不会和小朋友玩，最多的时候就是站在远处观望大家玩耍；回到家中，凡凡一般不会提及小伙伴，只是告诉妈妈今天学了什么。渐渐地，凡凡更加内向了，如果没有人跟她说话，她就保持沉默。

妈妈看到凡凡这个样子，心里非常着急。虽然她也知道，每个人社交意愿不一样，但是孩子不善于与人交往总是令她担忧。有时候，妈妈也会督促倩倩，让她带上凡凡玩耍，但是凡凡很难与小伙伴融为一体，因此她的性格也越来越孤僻。

显然，在社交中凡凡是被动的。由于诸种原因，她不愿意参与到社交关系中来。因此，她的性格也越来越内向，大多处于沉默的情绪状态之中。而倩倩在社交中，收获就非常明显。在和其他小朋友相处时，倩倩学会了分享；在游戏中，多个小伙伴相互协作，共同游戏，获得了合作的快乐。这些乐于结交的儿童，往往能非常快速地适应新的环境，并且获得同伴的认可。

8岁以后的孩子，倾向于亲近同龄人，并且将自己最喜欢的玩具分享给他人。他们在与伙伴交往中，会开阔视野，并逐步掌握与人相处的技巧。例如，客人来家做客，大家一起玩耍。在这些新的情境中，孩子开始有意识地处理新冲突，以此来巩固友谊。与同龄人的交往，无形中提高了孩子的认知能力和社交水准，并且有助于培养孩子的良好情绪。那么，如何鼓励孩子参与到与同龄人的交往中来呢？

1. 将孩子送到学校或者小朋友多的地方

一些内向的儿童，可能一开始因为胆怯等具体原因不愿意到学校或者娱乐场所。这时候，父母应该鼓励孩子和同龄人交流，并且向他们讲述自己的经历，以周边的朋友作为榜样。以此告诉孩子，每个人都应该有自己的朋友。

2. 在家中举办聚会

孩子有了朋友之后，可以邀请他们到家里做客。家长留给孩子一定空间，让孩子在交往中学会分享。当朋友到来的时候，提醒孩子将自己的玩具或食物和朋友一起分享，并让他们一起玩耍，这时候大人最好不要参与其中。因为在这中间，他们会有自己的交往需求，以及处理问题的方式。

3. 给孩子讲关于友谊的故事

可以买一些图书，让孩子自己看书，父母在旁边引导，告诉他们关于朋友的一些有趣的事情。家长也可以将自己与朋友间的有趣经历，讲给孩子听，鼓励他们也应该有属于自己的朋友。

除此之外，在假期的时候，父母不要让孩子过多地陪同自己一味沉浸于大人的世界中，毕竟很多时候，孩子应该有自己的社交圈子，而父母参与的圈子不适合孩子的身心发展。为此，父母可以带孩子去少年宫，或其他儿童娱乐场所。在这些地方参观或游戏，孩子会不知不觉地参与其中，并且和其他小朋友打成一片。

　　每个人都是独立的个体，孩子也应该有自己的独立空间，这一独立的空间不妨从孩子应该有属于自己的朋友开始。孩子结交朋友，不仅有助于认知层面和社交能力的增强，还有利于孩子身心健康的发展。

第四章

因材施教：根据孩子性格类型攻破教养难题

从孩子降临到这个世界上的那一刻起，因为成长环境的不同，每个孩子都具有一些自身独特的性格气质。父母作为孩子的第一任老师，应该明白不管哪种类型的孩子，都要因材施教，因为每种性格都有其优缺点，关键看如何发掘和引导孩子身上的这种特质和潜能，使孩子性格中的优点得到发扬，弱点得到克服，从而进一步完善孩子的性格。

每个孩子的性格大不同

每位父母都渴望孩子健康成长，我们该如何正确地培养孩子呢？对此，儿童心理学家建议，每个孩子有不同的性格类型，并且，孩子的性格类型在其童年早期就已形成，既可能是内向的，也可能是外向的。性格从小的时候就在孩子的身上发挥着作用，影响着孩子的未来发展。

尽管每个孩子都是与众不同的，但是很多父母在生活中也不免将孩子与别的孩子作比较。比如，如果自己的孩子太调皮，父母一定会羡慕别人的孩子乖巧，并且希望自己的孩子也能那样安静和易于管教。对于此类现象，教育专家指出，对不同的孩子有相同的期望是错误的。因为每个孩子都是与众不同的，父母要做的就是发掘孩子的性格优点，引导孩子改正自己的性格缺点。在家庭教育中，只有做到扬长避短，孩子才能健康地成长。

那么，作为父母，你是否了解自己孩子的个性，并能够发掘出孩子身上最大的潜能呢？对此，不妨先来看看下面父母们的陈述。

"我儿子今年4岁，跟他一起生活就像是养了只充满活力的兔子。除了睡觉，无时无刻都动力十足，每天把我折腾得筋疲力尽，但他永不知疲倦，真是让人头疼，我感觉我一个人已经没办法应付了。"

"我儿子8岁，性格内敛害羞，每次到陌生的环境，他都不知所措，害羞地躲在我的身后，不和任何人打招呼，而和熟悉人的朋友一起玩耍，他又活跃得像孙悟空一样蹦蹦跳跳。"

"我儿子童童今年6岁，是个野性十足的孩子，无论去到什么地方，都是个捣蛋大王，尤其是去到朋友家，经常把他家搞得乱七八糟。而他5岁的表弟豆豆却是个乖巧听话的孩子。经常一个人专注地玩填词游戏或者静静地坐在妈妈腿上。我一直认为自己很了解儿子，可是有一天，童童突然大声对我喊道：'你不如豆豆妈妈爱他一样爱我！'这时，我才发现，两个孩子的世界并不像想象的那么简单。"

"我女儿彤彤9岁，学习成绩优异，但是她做事情的态度很不好，对什么事都漫不经心，临时应付，从来不认真对待。我很担心她自由散漫的性格影响她以后的工作和未来的发展。虽然她智商很高，对新事物的接受能力很强，但我发现她对什么都无所谓的态度，导致她不能对自己的所作所为进行认真思考。"

从父母们的陈述中，我们看到了孩子的多种性格。每个孩子都有其不同的性格色彩，父母作为孩子的第一任老师，应该明白不管哪种类型的孩子，都要因势利导，因为每种类型的孩子都有成功的可能，关键要看父母如何发掘和引导孩子身上的这种特质和潜能，使孩子性格中的优点得到发扬，弱点得到克服，从而进一步完善孩子的性格。

除此之外，良好的家庭环境对孩子的成长也起着巨大的作用。家庭是孩子的心灵港湾，孩子性格的形成与孩子在家庭中的地位、家庭成员之间的关系和父母采取的养育方法息息相关。

父母的生活态度对孩子的性格有相当大的影响。如果父母处处讲诚信，遵守规则，孩子也会拥有诚信的品质；如果父母自私自利，孩子也容易形成利己主义；如果父母经常大吼大叫、斥责、体罚孩子，孩子就容易形成暴躁、抑郁、叛逆的性格……因此，父母要想孩子成为什么样的人，那么就要以身作则，为孩子做出好榜样。

后天环境和教育也是影响孩子性格形成的因素，因为在童年时期，孩子的性格尚未定型，如果家长在这个时候有意识地去塑造孩子的性格，孩子的性格就会发生变化。

比如，对于性格内向的孩子，家长要多带孩子出去，鼓励他主动交朋友，这是培养孩子开朗、热情的关键一步。而对于性格外向的孩子而言，他们喜欢人际交往和群体生活，并善于表现自己。父母应该教孩子一些社交礼仪，让孩子知道在公共场合大声喧哗，肆意吵闹是不礼貌的，喜欢表现自己虽然是好的，但应该控制在合理的范围内，要以不影响他人、不妨碍他人为底线。否则就会适得其反，引起他人的反感。

总之，对孩子的教育是一个长期的过程，对待孩子，父母需要多点耐心和细心，及时地发现孩子成长过程中出现的问题，随时修正自己的教养方式，为孩子养成良好性格奠定基础。

完美型：我应该再完美一些

有专家将孩子的性格分为九型，即完美型、给予型、成就型、浪漫型、智慧型、忠诚型、乐观型、领袖型、和平型。与以往传统性格分析不同的是，九型人格理论将人格划分为九种基本类型，是研究各种人格特点以及不同人格之间差别的理念。

一号性格称为完美型。这种类型的孩子常常对自身的要求比较高，有强烈的责任感。其主要性格及行为特征如下：

他们非常遵守生活规律，自觉按时起床、刷牙、吃早饭，且从来不需要父母督促。

他们注重生活环境的清洁，将自己的房间、书包、衣柜整理得井井有条，东西整齐摆放在某个固定的位置。

他们很遵守交通规则，不仅自己不会闯红灯，还会要求同行的人一起遵守交通规则。

他们对自己有较高的要求，老师布置的每项作业都会非常认真地去完成，并且要求自己一定要做到最好。

对于父母交代的事情，他们会牢牢记住，并会全力以赴地做到令自己满意为止。

对于自己应该做的事情，他们会主动去完成，完全不需要父母督促。

对于任何事情，他们会提前做好规划，并希望事情能够按照正确的方式完成。

他们希望自己身边的小伙伴都能和自己一样，按照自己的标准去做事情，如果达不到自己的标准，他们就会很纠结，甚至闷闷不乐。

他们做事情的态度很诚实，也很正直，不会因为自己的失误而找借口撒谎，并且对于自己的过错会很自责，尤其是受了批评后，情绪就会低落。

完美型孩子做任何事情都会给自己先预定一个目标，并持之以恒朝目标努力。他们常常认为，假如自己多努力，严格遵守规则，将每一件事情都做到尽善尽美，那么就会得到父母和老师的表扬与赞美。然而，当事情并未向自己预期那样时，他们的内心就非常压抑、烦躁不安，但表面上仍然装得风平浪静，依然佯装品行优良。

完美型孩子通常是严肃、努力不懈、乖巧的。他们的心理年龄常常比实际年龄更加成熟，能够控制自己的情绪，并能将自己的麻烦、需求搁置一旁。这样的孩子常觉得：我若不完美，就没有人会爱我。在与完美型孩子相处时，以下方法可供参考：

1. 给孩子讲清楚事情的起因

完美型的孩子在做事情时，总会提前做好规划，把每个细节都考虑到，所以为了不让他的小脑瓜胡思乱想把自己弄晕，无论学习还是生活，有什么事情父母都不妨直接告诉孩子，把事情讲明白，尤其是把这件事的意义和价值一定要说清楚，这样他就会有非常明确的目标和责任感，做好自我管理。

2. 不敷衍孩子的任何问题

当完美型孩子在向父母请教问题时，父母千万不要敷衍马虎了事，在自己的能力范围内，尽可能详细具体、耐心地给他做好解释和说明。如果父母确实不清楚答案，也要实话实说，然后和孩子一起去思考和讨论、查询资料，直到弄明白为止。当问题得到解决后，完美型孩子那颗追求完美的小心脏才会安静下来。

3. 多肯定、多提问，提升自信心

完美型孩子思考问题比较多，但不善于表达，而不善于表达的原因，一方面是因为希望父母能读懂他，另一方面是因为自信心不是很足，怕说错。

所以，父母一定要多鼓励完美型孩子，并及时了解孩子的心理动机，同时通过多提问的方式，引导孩子更多地说出来。只有这样，父母才能了解孩子，拉近与孩子的心理距离。

4. 给孩子足够的思考时间

完美型孩子在做任何决定时都会思前想后、犹豫不决。这是因为他们过于追求完美，患得患失，生怕出错，所以常常不知如何抉择。当然，也正是因为他们善于思考，提前规划，常常能够把事情完成得非常出色。

因此，完美型孩子在做事情时，父母千万不要在一旁不停地催促他，要给他足够多的时间去规划时间，让他们把问题想得更明白、更全面，然后引导他们懂得做决定最重要的不是完美，而是学会权衡利弊，学会取舍。

5. 不要对孩子要求过高

完美型的孩子因追求完美，常常对自己设定较高的目标，并严格执行。这虽然是一件好事，但如果家长不懂得引导孩子适度放松，孩子就容易钻进牛角尖，使自己压力很大。

因此，当孩子表现得不够完美的时候，父母不能完全否定他，认为他一无是处，这样会让孩子过分在意自己的不足。本来孩子就追求完美，当他出现过失时，就会非常内疚与自责。此时，父母应该宽容孩子的过失，适当地给予安慰，鼓励他们从失败或错误中接受教训。说一句："世界上没有十全十美的人，这点儿小错不算什么，只要我们吸取教训就好了。"父母要让孩子知道一次失败不算什么，关键要懂得总结经验教训。父母的疏导就会减轻孩子的心理压力。

给予型：乐于助人的小天使

给予型的孩子在大家眼中就是善良的小天使，他们性格柔和，乐于助人，具有分享精神。喜欢安静，做事稳重，惹人怜爱，是关心、帮助他人的小天使。这种类型的孩子主要性格特征如下：

他们心思细腻，当和别人相处时，能很好地照顾他人的情绪，并主动关心身边人的感受和心情，并且还会主动去帮助遇到困难的小伙伴。

他们广交朋友，并很真诚地对待朋友。当朋友遇到困难时，他们总是竭尽所能地伸出援手。

他们不懂得拒绝，即使明知他人的要求不合理，也会违背自己的意愿去帮助他人。但是如果一味地被别人支配，他们内心也会觉得委屈，而当自己遇到困难想请他人帮忙时，却常常因羞涩不知如何开口。

他们心思敏感，当觉得自己被身边人或朋友忽略时，情绪就会很低落。

他们是父母的小帮手，会帮助父母做力所能及的家务活，也会细心地照顾父母。

他们就像雷锋一样，常常把别人的事情放在前面，而把自己的事情放在后面。

虽然他们表面看起来很宽容，但内心有时也有很强的嫉妒心理，还会有点儿小心眼，特别是感觉被他人冷落时，他们会很生气。

他们总是同情他人的困境，并力所能及地帮助他人。因此，他们会很热情地参与学校的捐款活动。

他们富有同情心，多愁善感，就算是在电视剧里看到有人遭遇不幸，也会伤心地掉泪。

总体来说，给予型的孩子是一个乐于助人的人，会主动关心帮助自己的朋友和伙伴，不轻易对别人说"不"。即使在影响到自己的情绪或正常学习的情况下，还是会站在别人需要的角度考虑问题，这样往往会让自己觉得身心疲惫。对于给予型的孩子，家长要理性教育，明白孩子内心真正的想法。要让孩子知道自己不愿意做的事情，就不要碍着面子而勉强自己去做。要鼓励孩子学会说"不"，懂得拒绝他人的不合理要求。家长在教育给予型的孩子时，要遵守以下几点：

1. 引导孩子学会说"不"

给予型孩子不懂得拒绝别人，家长要理性看待给予型孩子的诉求，不能强迫孩子去满足他人的要求，比如，当其他小朋友来家里做客想玩某个玩具时，父母要先征求孩子的意见，而不能强迫孩子满足小客人的需要，把自己也想玩的玩具让给小客人。其实，在孩子与其他小朋友交往的过程中，能够学会有效地拒绝别人，同时与他人友好相处，比一味地遵照别人的想法行事更重要。

对于给予型孩子，家长要告诉他们，不要让自己勉为其难，要学会委婉地拒绝别人，向他人说出自己的真正想法。做自己力所能及的事情，但是如果真正碰到自己解决不了的问题，也要及时向他人求助。顾及他人的感受固然重要，但是也要学会关心自己，做自己喜欢做的事情同样重要。要让孩子懂得，就算是拒绝别人也不会失去朋友，因为真正的朋友一定会理解你的真实感受。即使没有人认可，你能够做一回自己，也是很优秀的。

2. 肯定孩子奉献的"爱心"

给予型孩子最显著的优点是温和善良、乐于助人。可是他们内心也很敏感，希望大家能够认可他们的帮助。如果一直得不到认可，或者努力与付出得不到回报，他们就会觉得自己的帮助是没有意义的，从而产生挫折感。

当家长发现孩子出现明显不良的心理反应后，需要采取适当的方式引导孩子。应注意开发和保护孩子善良、奉献的一面，及时表达自己对他们的赞赏，鼓励孩子去帮助别人，告诉孩子"你这样做是对的"。尤其应该让孩子明白的是，帮助别人并不是为了得到回报，而是让自己的内心觉得充实。

同时，家长还需要告诉孩子，在主动帮助他人时，一定要量力而行。对于给予型孩子来说，他们在帮助别人时付出得越多，心里要求得到回报的期望也就越高。当回报与付出不相符时，他们心里会自然而然地产生强烈的失落感。所以，让孩子量力而行地去帮助别人，也是减少不良情绪的好办法。

3. 教孩子明对错、守原则

给予型孩子喜欢换位思考，并把他人的需求放在首位，这就使得他们有时会为了满足他人的需要而做错事。由于不懂得拒绝，有时会让他们忽略了原则的重要性，失去判断对错的理智思考过程。因此，家长需要教会孩子明对错、守原则。

对待给予型孩子，父母必须在保护孩子善良的同时，告诉孩子知对错、守原则的重要性。因为给予型孩子往往不会拒绝别人的请求，这对他们是很不利的，如果不加以引导，长大后他们很有可能会被他人利用做出不好的事情，严重的还有可能会因此受到巨大的伤害。

4. 让孩子学会表达自己的意愿

给予型孩子常常会忽视自己的内心，不会主动表达自己的想法。因此，对于给予型孩子来说，让他们表达自己的意愿是很重要的。这就需要家长当孩子出现妥协行为的时候，最好的做法不是表扬孩子的听话，而是询问孩子内心真实的想法，告诉孩子你想要听到他的声音。

比如，当孩子不想吃饭的时候，不要跟孩子说"乖，要多吃饭才能长高"，而是问孩子"是吃饱了，还是不喜欢吃今天的菜呢?"这样孩子就会说出自己的想法，真实表达自己的心声。反之，孩子就会越来越压抑自己的想法，最终形成不可挽回的性格缺陷。

5. 鼓励孩子坚持做自己

给予型孩子有时候缺少主见，遇到问题时首先会选择相信父母和老师的话，而放弃自己对事情的思考和判断。这就需要家长引导孩子去思考，而不是把所有问题的结果都告诉孩子。要让孩子敢于肯定自己的发现，坚持他们认为是正确的观点，即使是和老师或者家长的答案不一样，也要敢于坚持自己的观点。

家长要鼓励给予型孩子敢于和善于独立思考，每次思考都是一次新奇的探险，在这样的探险经历中，给予型孩子会逐渐走出自己的性格误区，让注意力重新回到自己的内心，从而拥有越来越强大的自信心，最终为自己赢得更好的发展。

成就型：得第一比什么都重要

成就型孩子，也叫作实践型、奋斗型孩子。他们无论做什么事情都希望取得成功，并且希望能够得到他人的表扬与赞美。他们认为一个人的价值在于他达到的成就以及获得的赞赏。因此，他们把成功看得比什么都重要，尤其是在各种竞争中，总想得第一名。他们喜欢被人瞩目，成为全场的焦点。这种类型的孩子主要性格特征如下：

他们争强好胜，死要面子，即使自己做错了，也会想办法去掩盖自己的错误。

他们在老师面前会积极表现自己，主动回答每一个问题，也会积极参加学校组织的各项活动。

他们做任何事情都非常自信，并朝着目标努力奋斗。

他们会表现出与他人关系和谐，会很快认同别人，所以总是很讨他人喜欢。

他们的内心非常骄傲，总认为自己是最棒的，因此，经常会放大别人的缺点。但是当他人超越自己时，他们就会很焦虑，有强烈的挫败感。

他们有很强的逻辑思维，做事雷厉风行。他们聪明灵活，模仿能力强，但是爱出风头，争强好胜，做事锋芒毕露。

他们喜欢和别人对比，如果把自己的事情完成得很好，就不会在乎别人的事情。有的时候，他们为了能够尽快达到目的，会选择走捷径。

他们遇事沉着冷静，能够随机应变，并且一旦下定决心做某件事情，就会努力去实现目标，不肯轻易放弃。

成就型孩子重视成就，喜欢在他人面前展示自己的优势。他们重视他人对自己的评价，认为只有赢得了他人的赞赏，才能够证明自己的能力和自己的优秀。他们也喜欢以优胜劣汰的心理来看待自我和他人的价值，很怕他人超过自己。

其实这是由于成就型孩子有很强的自尊心，他们认为，只有自己足够优秀了，才能够得到老师、同学、朋友的好评。因此，成就型孩子的内心并不像外表看起来那么有自信，他们的自信是靠别人的赞赏和鼓励得来的。所以，他们做事时力求成功，以此来获得好评。如果出现短暂的失败，他们就会变得消极起来，甚至对自己全盘否定，之后有可能利用逃避来获得内心的安宁。

基于成就型孩子的这些优缺点，父母需要做以下引导：

1. 告诉孩子得第一并不是最重要的

对于成就型孩子，父母要尽可能的多些鼓励与赞美，使他们发挥自己的长处。同时，也要告诉孩子，这个世界上并没有十全十美的人，只要是人就会有失败，但是只要努力就算失败了也是值得骄傲的。所以，有没有考到第一名也没有关系，只要自己付出了努力就好。

家长一方面要多给予孩子成功的体验，鼓励他们；另一方面也要锻炼孩子面对失败的承受力，使他们豁达地面对失败，汲取经验，不断走向成功。

2. 让孩子体会过程比结果更重要

由于成就型孩子把成功看得比较重要，并朝着目标孜孜不倦地努力。因此，父母不能给予孩子过高的期望。如果家长还要求孩子一定要取得较高的成果，就会让孩子背负过重的压力。

对于成就型孩子，父母要适时地引导他们注重事物的过程，让他们明白过程中付出努力才是最重要的。父母更欣赏的是他们为目标努力奋斗的过程，和遇到困难不放弃、不逃避的精神。如果孩子能够快乐地享受尝试的过程，并在这之中幸福成长，相信父母也会为孩子感到骄傲。比如，孩子在学英语时，父母可以问他们"你学得开心吗？"之类的问题，而不能说："你英语发音一点也不标准呀。"要让孩子明白，过程比结果更重要。

3. 帮助孩子发现身边人的优点

成就型孩子喜欢争强好胜，总认为自己很优秀、很了不起。因此，他们常常无限放大优点，并夸耀自己的过人之处。这就导致他们看不到别人的优点，还会出现贬低他人的情况。对于这样的孩子，家长需要引导并帮助孩子发现身边小伙伴的优点。

同时，家长要让他们学会给成功确定一个恰当的评价标准，并教育他们学会正确地评价自己和身边的小伙伴。要让孩子明白，追求成功的本质是追求个人的进步。一个人就算在一件事情上或某一方面是成功了，也不可能什么都好，什么都是第一名。因此，要让孩子根据自己的能力和性格特点来制定学习目标，不盲目地争夺第一，也不和他人做盲目的对比。

4. 注重培养孩子的情商

成就型孩子喜欢竞争，爱抢风头，这就使他们为人独立，做事效率高。但是这种急于求成的性格往往会使他们缺少耐心，也缺乏团队合作意识。在他们心中，只是要求自己做好就行，往往不会太在乎身边人的感受，也不会主动配合身边人做事情。因此，他们常常会忽略别人的感受，缺乏对他人的关注。这样做的后果会影响人际关系的和谐。

要想改变成就型孩子的这些缺点，父母就要培养他们的情商，教他们学会关注他人的感受，培养合作意识。在竞争激烈的现代社会，拥有竞争意识虽然是好事，但是有些事情不是一个人就能解决的，需要团队的配合。这就需要孩子具有团队协作的意识。

此外，父母可以引导孩子关注身边人的感受，让孩子主动帮助需要帮助的同学，让孩子在他人的感谢中获得成就感。从而让孩子习惯为身边人着想了。父母还可以多带孩子参加一些团体活动，让孩子懂得分工合作的重要性。还要告诉孩子，每个人的优势都不一样，在协作中只有与他人进行配合，才能把事情做得尽善尽美。

浪漫型：天生敏感易情绪化

浪漫型孩子天生感性、敏感、情绪化，不喜欢被忽略。他们虽然具有浪漫主义情怀，但其性格比较悲观消极，有的时候他们想问题会朝着负面去想。这类孩子主要性格特征如下：

他们具有创造力和想象力，因此在艺术方面很有天赋，喜欢音乐、绘画，并有其独特的审美观。

他们喜欢和朋友进行心灵的交流，对待知己很真诚。有时他们不会主动说出自己内心的真实想法，而是希望身边的人能够理解、关心、关注他们。

他们内心敏感，感情细腻，情绪容易受外在环境的影响。

他们看问题的角度比较偏激、消极、悲观，因此，常常把事情往坏的方面想，并忧心忡忡。

他们喜欢宅在家里，想一些天马行空的事情，但他们的想法有时候并不能获得大部分人的理解。

他们表面冷漠，尤其是在面对陌生人的时候，往往没有什么热情，给人留下不易相处的印象。

他们有强烈的自尊心，并对他人的言行非常敏感。即使是他人的只言片语、一个眼神都会令他们发挥想象力，假如觉得别人伤害了自己，就会很伤心，还会为一些琐事伤心流泪。

他们有时候会很自私，以自我为中心，不考虑他人的感受。他们喜欢独处，不喜欢被别人打扰，尤其是当他们发现他人侵犯自己的隐私时，会勃然大怒。

他们很注重物权保护，对属于自己的东西有很强的占有欲，特别是当他人拥有的东西而自己得不到时，内心就会失去平衡，产生强烈的嫉妒感和自卑感。

他们做事情的效率随着心情的变化而变化，当心情愉快时，无论做什么事情都会有很高的效率，当情绪不好时，什么事情都不想做。

浪漫型孩子天生敏感，情感细腻，注意观察别人的真实情感和情绪变化。因此，父母在与孩子相处的过程中，要注意以下几个方面：

1. 认真对待孩子的每件事情

浪漫型孩子内心比较敏感多疑，很在意他人对自己的态度，因此，父母千万不要用敷衍的态度对待孩子。因为对于浪漫型孩子而言，父母的敷衍会让他觉得自己不重要，意味着不被爱，这会让他们的心灵受伤。

所以，父母应该注意，每天无论自己多么忙碌，工作上有多么不顺心如意，回到家都要调整好自己的心情，用真诚的态度与孩子相处，认真对待他们的每件事情。同时，父母要多关注孩子的情绪变化，当他们情绪低落、精神萎靡不振时，要及时与孩子沟通，了解原因，帮助他们解决问题或者疏导心情，让孩子知道无论任何时候，父母都是他们的依靠和坚强后盾。

2. 教孩子排除不良情绪

浪漫型孩子敏感多疑，喜欢多思多想。一般来说，善于思考、喜欢观察以及善于分析问题是一种好习惯，但是过度的敏感就不好了。因此，父母应该教会孩子理智看待问题，排除不理智的思维。

浪漫型孩子在做事情时，往往跟着自己的感觉走，缺乏理性思考的能力，从而常常导致自己情绪不佳。父母一定要多关注孩子的情绪变化，并且帮助他们克服消极的情绪。

在孩子情绪悲观消极时，父母要像知心朋友一样，对其进行安慰和疏导，并引导孩子多回忆快乐的事情，转移其注意力。当孩子因为对自然界的事物发展变化而徒增伤感时，父母要告知他们万物生长的规律，让他们明白，万事万物都有其生存法则，没有必要为此伤感；如果孩子在看电视时，对主人公的不幸命运而悲伤难过时，父母可以告诉孩子所有的故事情节都是虚构的，没有必要为虚拟人物的不幸而哭泣；如果他们沉浸在某种情绪中难以自拔，可以问问他们当下的感受，并帮他们找到发泄情绪的途径，这是帮助他们走出自我困扰的最好方式。

3. 提高孩子的人际交往能力

浪漫型的孩子虽然外表看起来冷漠无情，不好相处，但他们内心中却渴望拥有知心朋友。他们虽然有时候喜欢独处，但是同样很享受和亲人、朋友在一起的那种安定、和谐的感觉。尤其是当他们有了新的创意和好的想法时，第一时间就想和亲人朋友一起分享。

不过，对于浪漫型的孩子而言，天生就不具备良好的社交能力，在陌生场合，往往会很害羞、不善沟通交流。因此，他们很难如愿交到知心朋友。所以，父母要多培养浪漫型孩子的人际交往能力。

空闲时，要多带他们出去和小伙伴接触，并多给他们表达意愿的机会，培养他们的表达能力。遇事多征求孩子的意见，并鼓励他们将自己的想法说出来，让他们学会大胆地表现自己。平时，父母要多与孩子进行交流，比如，每天可以陪孩子一起读书、给孩子讲故事，然后再让孩子说一下对故事的理解与感受，久而久之，就可以提高孩子的表达能力和理解能力。

智慧型：善于思考懒于行动

智慧型的孩子非常理性，喜欢独立思考问题，对于自己不了解的事物，有浓厚的探索精神。他们喜欢阅读，畅游在知识的海洋中能让他们感到满足。这种类型的孩子性格特征如下：

他们不喜欢集体活动，即使参加集体活动，也会躲在某个角落里静静地当个旁观者。

他们做事情严格遵守规章制度，对待同学总是彬彬有礼，说话简洁有条理，也很有包容心。但他们不喜欢被老师和父母束缚，这样会让他们觉得很不自由。

他们不关心同学，和同学很少互动，也不喜欢和他人进行深交，更不会主动去结交朋友。

他们在决定参与某件事情时，会提前对该事件做全面的了解，并在问题发生之后能够妥善地解决问题。

他们很有主见，立场坚定，对事情有独到的见解，不会随波逐流轻易改变自己的想法。

他们的逻辑思维能力很强，特别喜欢向家长和老师提出问题。

他们不喜欢参与群体活动，喜欢在安静的环境下阅读感兴趣的书籍或者是探索自己感兴趣的事物。他们对自己感兴趣的东西有很强的专注力，常常沉浸其中，乐此不疲。

他们性格文静、害羞，不善言辞，对自己不感兴趣的人和事物毫不关心，人际交往能力差，因此常常会受到其他小伙伴的欺负。

他们觉得外在美不重要，因此很少花时间装扮自己。他们喜欢将时间用在读书以及搜集资料上，觉得知识比其他一切都重要，内心甚至觉得除了学习知识以外做其他的事情都是浪费时间。

他们在与人进行沟通交流的时候，常常不会直奔主题，喜欢绕弯子，会刻意表现出自己的深度，但是会掩藏自己内心的真实情感。

他们在人群中总是显得很孤独，常常不知该如何和陌生人相处，即使遇到熟悉的人，也表现得很平淡，甚至会避而不见。

智慧型的孩子虽然喜欢思考，但是却懒于行动，这是由于他们对未知的事物心生恐惧与不安，尽管他们的知识面比较广，但是仍然会觉得自己并没有对于一切都了如指掌。因此，家长可以尝试着引导孩子，给孩子制造一种安全和安定的环境，带着孩子去探索、实践。家长在引导智慧型孩子时，需要注意以下几个方面：

1. 给孩子自由思考问题的时间和空间

智慧型孩子喜欢在自己独立、自由的空间里进行思考、做事，因为他们觉得独自一个人玩游戏、看书、画画是一件很有安全感、很充实自在的事情。因此，父母需要给孩子创造一个自由的空间，让他们能够自由思考、自由做事情。要做到这一点，就需要父母与孩子保持适当的距离。

在孩子独处时，父母尽量不要去打扰，这样会让他们觉得被监视，失去了自由，从而不能集中注意力去思考问题。当然，父母也不能完全置之不理，否则孩子也会与家长变得很疏远，聪明的父母会和孩子保持一定的安全距离，给孩子一个相对独立自由的空间。

当然，在孩子遇到难以解决的难题时，父母可以及时给予引导，帮助孩子解决困难、消除困惑，树立孩子的自信心，使孩子战胜困难。而当孩子具备解决问题的能力时，父母应该悄悄退出孩子的世界，让孩子去独立解决问题。

2. 保护孩子的好奇心

与其他类型的孩子相比，智慧型孩子对新鲜事物充满了好奇心。因此，当他们在遇到不懂的问题时，喜欢向父母提问，并且希望能够得到他们想要的答案。这时，无论父母多么忙碌，都要抽出时间去回答孩子的问题，即使自己不明白，也要向孩子说清楚："妈妈现在不能帮你解答，等爸爸回来问他，好不好"或者是"这个问题我也不懂，我们一起去找答案，把它弄清楚，好吗？"

面对孩子的提问，父母一定要保护孩子的好奇心，千万不要训斥说："告诉你，我也不明白，等你长大了自己就知道了。不要烦我，自己去玩一会儿吧！"这一类的话会打击孩子的积极性，无异于折断了他们思维的翅膀。

其实对于智慧型孩子来说，也许提问并不一定就是要一个准确的答案。他们的快乐有时候只是在提问和探索问题的过程中。因此，父母对待孩子的态度很重要，耐心地对待孩子的每一个提问，孩子的好奇心就会被保护，对父母的依赖感和信任度也会加深。

3. 尊重孩子的选择和意见

智慧型孩子喜欢思考，有主见，对自己认定的事情比较执着。但是到了陌生环境，往往会比较拘束，陌生的环境和人群会让他们内心充满恐惧。有的父母为了锻炼孩子，不管孩子的内心想法如何，就帮孩子做出决定，甚至有的父母看到孩子不愿意和小朋友一起做游戏，还强行让孩子和其他小朋友一起玩。父母的强制态度让智慧型孩子很难接受，他们会觉得不自在，也会逐渐疏远家长。

因此，家长要充分尊重智慧型孩子，对于他们做出的正确决定，父母不要强行改变，也不要不询问孩子的意见就做决定。父母认为替孩子做决定是帮助孩子，是爱的体现，但如果不是孩子需要的，反而适得其反。

4. 提高孩子的人际交往能力

大多数智慧型孩子比较腼腆，说话声音低微，很少主动提出要求，也不敢一个人外出。对于不懂得交际的智慧型孩子来说，家长尤其需要培养孩子在人际交往方面的能力。其中角色扮演游戏是一种很好的方式，通过角色扮演游戏，孩子可以通过想象，创造性地模仿现实生活中的人和事。家长还可以为孩子模拟在人际交往中可能出现的场景及对话，再现人与人之间的关系，消除孩子的恐惧感。

家长还要在平时多为孩子创造交往机会。父母作为孩子最亲密、最值得依赖的亲人，不管平时工作有多忙，每天都应该抽出一部分时间，和孩子进行心灵的交流，陪伴他们玩耍，做孩子的倾听者与指导者。

此外，家长还要鼓励孩子多与长辈、老师、小伙伴交往。可以引导孩子对给予自己帮助的人表达谢意，从说"谢谢"开始，引导孩子对周围的人产生兴趣，这样孩子就不会像原来那样怕生、退缩。还可以让孩子在熟悉的地方和熟悉的孩子一起玩耍，然后再逐渐扩大交际环境与交往人群。如果家里来了客人，可以让孩子主动接待，这些都能够很好地为孩子提供人际交往的机会。

忠诚型：犹豫不决的悲观派

忠诚型孩子性格消极悲观，任何事情都会做最坏的打算，让自己担忧不已。他们内心非常渴望受到父母的重视，很在意父母对他们的评价，如果父母指责他们，他们就感到害怕，所以做事情常常会犹豫不决。这种类型的孩子性格特征如下：

他们是一个有责任、有担当的人，忠诚于家人、团队。对没有责任感、影响集体荣誉、破坏集体秩序的人非常讨厌。

他们比较执着，对于自己不认同的人和事，往往很难改变看法。

他们诚实善良，做事遵守原则和规则，对自己和他人都很严格，很排斥那些不遵守规则，性格反复无常的人。

他们多疑多思，任何一点小事都会被他们无限放大，然后陷入其中，忧心忡忡。

他们非常相信权威，在做决定前喜欢询问他们认为是权威者的意见。可是当他们发现自己被对方欺骗时，就会反应过激，让人无法理解。

他们对于他人的看法和评价非常在意，常常刻意努力，以获得他人的表扬与肯定。

他们很爱面子，即使知道自己做错了某件事情，也不想去承认，因为他们觉得对他人说"对不起"或者道歉的话会让自己没面子。

他们常常因为思考太多而犹豫不决。即使是一件小事，他们也会思前想后，在仔细分析事情的利弊得失后，才会做出决定。

他们的性格让人捉摸不透，有时候自信满满，有时候又优柔寡断、依赖他人。他们有的时候乖巧听话，有的时候又有些叛逆。

他们的疑心很重，有的时候看到班级里的小伙伴围在一起说笑，尽管他们知道小伙伴说的话也许和自己无关，但还是避免不了怀疑人家在偷偷议论或者是嘲笑自己，然后他们就开始了莫名的思虑和焦躁。家长在引导忠诚型孩子时，要注意以下几个方面：

1. 有效地赞美孩子

忠诚型孩子性格多疑，排斥他人虚假的奉承，喜欢别人由衷的、具体的表扬。因此，即使他们在某一方面表现得很棒，父母也不能很随意地夸奖说："哇，你太棒了。""你太厉害了！""你是最优秀的孩子！"

这种笼统的表扬会让孩子觉得父母不是真正关心他，而是敷衍他。他们内心更期望父母表扬得更具体一点。因此，父母应该就某个细节或特别之处进行表扬，给予孩子由衷的赞美，态度要诚恳，不要言过其实，这样孩子才认为父母讲的是真心话。

2. 不当面批评孩子的错误

忠诚型孩子做事小心谨慎，害怕犯错误，不敢为自己的错误承担责任。当他们的行为出现失误时，总是想办法去掩盖。这时父母应该多引导、少批评，尤其不应该当着其他人的面斥责孩子。过多的批评不仅会打击孩子的自信心与自尊心，还会使孩子更加封闭自己。

对于忠诚型孩子，父母需要明确的是，他们做事本来就很小心谨慎，不愿意出错，因此，如果他们出现了失误，那也一定是他们真的遇到了困难。这时，父母一定要顾及孩子的面子，保护他们的自尊心，可以鼓励孩子说"没关系，我相信你下次会做好，不会再犯同样的错误了"，鼓励的语言更能让忠诚型孩子接受。

3. 陪伴孩子克服恐惧与焦虑

忠诚型孩子做任何决定都会前思后想，内心充满矛盾，害怕失败与批评。尤其在面临考试、比赛时，情绪会非常焦虑。他们担心会让父母失望，因此在考试和比赛之前会想很多可能出现的突发情况，这些假设会影响孩子真实实力的发挥。

作为父母，要多鼓励孩子，告诉他们做任何事情不要瞻前顾后，思虑太多反而会产生不良后果。让他们知道一个人没有足够的信心、胆量和决策的自主性，是难以取得好成绩的。当孩子取得的成绩不理想时，父母不要严厉地批评与指责，这样会加重孩子的负担和焦虑。久而之，容易引发心理疾病。

父母要及时疏导孩子的不良情绪，可以教孩子用深呼吸的方式来排除焦虑、担心、恐惧、紧张等情绪。此外，也可以带孩子多接触新鲜事物，陪伴孩子克服恐惧心理，引导孩子走出第一步。

4. 培养孩子的决策力

随着孩子不断长大，他们会慢慢萌生独立自主的意识，想摆脱父母的控制，自由地做一些事情，如独立吃饭、穿衣、洗脸、出去玩等。当孩子有了这样的意愿之后，父母应该放手，不能因为怕孩子小做不好而禁止孩子尝试。

要想孩子拥有独立自主的意识，父母必须要解放孩子的手脚，让他们去做他们应该做和想做的事情，切不可强行阻止，压制孩子的积极性，那样无形之中会伤害孩子，使孩子更加不敢行动。

因此，对于忠诚型孩子来说，从小培养他们的独立决策能力是非常重要的，从询问孩子想穿什么颜色的衣服开始，到让孩子自己穿衣、吃饭；从培养孩子的独立性，到培养孩子的胆识，再到积极鼓励孩子表达自己的意愿……父母可以发现，若是大人学会放手，尊重孩子的决定，基于孩子的想法引导孩子做出正确的选择，孩子就会有更大的进步。

乐观型：活泼好动的乐天派

乐观型孩子心态积极乐观，性格活泼好动，喜欢自由，很难适应中规中矩的校园生活。老师让他们安静地读书，他们却左顾右盼，趁机和同学窃窃私语。他们的思维也很活跃，常常能够想出一些别人想不到的点子。这种类型的孩子性格特征如下：

他们个性开朗，脸上总是带着笑容，并且是一个活跃分子，每次都能逗笑身边人。

他们乐观自信，对未来充满期望，相信未来是很美好的。

他们喜欢自在地生活，当他们觉得被别人限制了自由时，他们就会发脾气，表示不满。

他们的欲望很多，但是却懒于行动，喜欢吹牛，常常给自己造成麻烦。

他们不喜欢过着有压力的生活，常常会想各种办法来缓解自己的压力。

他们做事从不给自己设置任何限制，完全按自己的心情与喜好行动，不会考虑自己的行为会造成何种后果。

他们缺乏耐心，不喜欢等待，自己的需求一定要马上得到满足，否则就会闹情绪。

他们思维敏捷，对新鲜事物接受能力强，学什么都比别人快，因此往往多才多艺。

他们擅长人际交往，沟通能力强，容易获得他人的好感，喜欢与那些可以给自己带来快乐的人交朋友。

他们做事总是虎头蛇尾，往往半途而废，很多时候只有计划却不行动。即使按照计划执行了，也很难进行到最后，常常需要别人来帮他们收拾残局。

他们做事没有耐心，注意力不集中。因此，他们只喜欢把精力放到自己喜欢的事情上去，对于不喜欢的事情则毫无兴趣。

他们总是丢三落四，即使是弄丢了玩具、橡皮，或者是钱，也觉得无所谓，下次仍然会弄丢东西。

他们心态很好，情绪稳定平和，就算是当众出丑或者挨批评也不会放在心上。

他们精力充沛，顽皮得像只猴子。

他们总是很难专注地做一件事情，上课时总是小动作不断。

他们的记忆力很强，能够快速地掌握新的知识，但缺乏钻研精神。

他们喜欢向别人展现自己的优势，常常觉得自己很优秀，认为可以独当一面。

他们渴望自由，不喜欢被他人束缚或控制，对于他人的强制行为有抵触心理，从而更加无法专注地去完成某件事情。家长在引导乐观型孩子时，要注意以下几个方面：

1. 提高孩子的注意力，克服马虎的坏习惯

马虎是很多乐观型孩子的通病，家长们常常为此担忧，但是又束手无策。要想改掉这个坏习惯，其中很重要的一点就是要帮助孩子静下心来，提高孩子的专注力和持久力。要做到这一点，父母首先要培养孩子广泛而稳定的兴趣。乐观型孩子通常对自己感兴趣的事物才会保持一定的专注力。因此，当他们对某一门功课或者活动产生兴趣时，父母要及时给予鼓励和支持，引导他们持续坚持下去。

其次，当孩子对某一件事情比较专注时，父母要对他们的进步进行表扬。并想办法鼓励他们下次保持专注力的时间更长一些。父母的鼓励与表扬还会让孩子继续提高专注力，因为在潜意识里他们知道这是一个能够获得表扬的行为。

最后，要求孩子做事情要有始有终。乐观型孩子做事情经常三心二意、半途而废，比如，写一会儿作业就会翻看漫画书，看一下漫画书又去玩玩具，因此，他们的学习效率非常低，自然会出现马虎的状况。

对于孩子的这种行为，父母必须帮助他们纠正过来。比如，孩子看完书，家长要求孩子把书整理好再去做其他事，吃完饭才能去看动画片等。要求他们完成一件事后，再去做另外的事，久而久之，孩子注意力集中了，就能够静下心来对待每一件事情，自然也会改掉马虎的坏习惯。

2. 规范孩子的行为

乐观型孩子喜欢根据自己的喜好与心情去做事情，尤其对一些新鲜、刺激的事物很感兴趣。一旦父母对他们喜欢的事物采取了不合理的约束，就会适得其反。对于乐观型孩子来说，打骂是最不可取的教育方式，只有帮助孩子规范行为，他们才能真正地进步，改掉坏习惯。

要规范孩子的行为，需要父母给他们立下规矩，告诉孩子哪些事情可以做，哪些事情不可以做，并对不当行为进行惩罚。当然，这种惩罚不是打骂。比如限制他们出去和朋友玩，或者不让他们看动画片、不给他们买新玩具等。惩罚的目的就是让孩子明白，做事情需要遵守规则，这样孩子就会逐渐规范自己的行为。

3. 鼓励孩子克服困难

从表面上看，乐观型孩子心态比较好，事实上，乐观型孩子并非没有悲伤、难过的时候，只是他们会用寻找乐趣的方式来逃避。在现实的学习与生活中也是这样，当他们觉得学习很难，就会感觉很痛苦，不想着怎样去努力完成学习任务，而是选择逃避和放弃。

乐观型孩子之所以遇到困难就选择逃避，是因为他们内心认为每个人都应该致力于寻找美好、快乐的体验，同时避开所有不美好的感受。他们总是追求快乐的体验，内心永远都保留着"我要让自己快乐"的想法。所以，当他们感到痛苦、麻烦的时候，会选择以玩乐的方式来麻痹这种不好的体验，逃避这些负面却真实存在的问题，这种心理会阻碍孩子的进步。

因此，父母需要培养孩子面对痛苦、克服困难的勇气，要让孩子明白，要想获得真正意义上的快乐和成就，就要勇于接受挑战，直面困难。

4. 教会孩子诚实，不要盲目批评谎言

乐观型孩子人际交往能力强，在朋友圈中很受欢迎，但他们为了保持在朋友心目中的形象，有时候会习惯性地说谎。尤其是在遇到挫折、困难和失败时，他们常常会寻找借口和理由为自己推脱，试图用谎言来回避自己内心的恐慌。而他们这样做的目的只是为了被别人接受和喜欢。

对于孩子爱撒谎的缺点，父母要及时予以纠正。父母要让孩子知道，做错了事要勇于承担，诚实才是美好的品德。告诉孩子，只有勇于承认错误，承担责任，才能得到父母、老师、朋友的喜爱。

同时，父母在孩子面前也要做到诚实待人，真诚地对待孩子，不能欺骗孩子，即使是善意的谎言也不行。父母只有以身作则，才能够建立亲子之间的信任，而孩子只有信任自己的父母，才能说出自己内心的真实想法，从而减少说谎的可能。

领袖型：脾气急躁的指挥派

领袖型孩子具有一定的领导力，喜欢指挥别人按照自己的意愿行事，在他们的脑海里，认为自己是可以领导小伙伴的小队长，面对挑战时他们不会轻易退缩。他们坚强、诚实，喜欢用直接的方式和他人进行沟通。这种类型的孩子性格特征如下：

他们喜欢替别人做主或者指挥别人，不喜欢受他人的支配。

他们个性冲动，当别人惹他们生气时，会马上进行反击，并且不会轻易承认自己的失败，也不会轻易认输。

他们比较仗义，讲哥们义气，喜欢打抱不平，而且会爆发出无限的力量，即使遇到强敌，也不会放弃维护正义。

他们具有很强烈的自主意识，喜欢变化，喜欢表现自己，不喜欢条条框框的约束。

对于自己喜欢的事情总是很投入，常常处于一种兴奋的状态。

他们直率，容易发怒、冲动，内心简单、天真，有的时候会先行动后思考。

他们觉得自己并不是很聪明，但是也绝对不笨拙，愿意踏踏实实完成自己想要完成的事情。

他们喜欢当伙伴中的"大哥"，在一起玩耍的时候喜欢成为指挥和制定游戏规则的那个，他们还是游戏规则的维护者。

他们有很强的控制欲，自己能做的事情绝对不会让他人插手，并且还会很排斥他人提出的意见。

他们敢作敢当，但是脾气不好，易冲动，爱使小性子。

他们人缘极好，但是在陌生环境中，会有一些不自然，会用其他的行为掩饰自己的不适应。

他们的语气以及行为都比一般的孩子要强势，不管是大声说话还是行为的激烈，总想让人注意到他们的存在。

他们在任何事情上都不会过于控制自己，也不会去控制自己的情绪。他们会一直吃自己喜欢的食物，也会一生气就大发脾气。

他们说话直截了当，干净利落，通常让人没有反驳的余地，同时他们很讨厌那些拐弯抹角又客套的人。

他们对自己感兴趣的东西会很投入，喜欢学习很多东西，常常全身心地投入学习中，但是自律性不高，常常无法取得较为突出的成绩。家长在引导领袖型孩子时，要注意以下几个方面：

1. 培养孩子的忍耐力，控制急脾气

领袖型孩子性格急躁，遇到不如意的事情就会大发脾气。父母可以采用这几种措施帮助孩子控制脾气。首先，教会孩子先思考后行动。很多领袖型孩子都是先行动后思考，总是急于为一件事情下结论，这就需要家长引导孩子在行动之前先思考，说话做事都不要过早地下定论，要认真考虑清楚后，仔细分析前因后果和别人的意思，再给予比较明确的答复。如果实在不知道怎样回答，就不要随便给出答案，而是要承认自己对情况不够了解。

其次，告诉孩子量力而行。领袖型孩子总是不能对自己的能力进行预测，他们有的时候会觉得自己认为可以完成的事情就一定能够完成，但是事实并非如此。在完成不了预计的目标时，他们就会产生急躁冒进的情绪，这样对孩子的情绪管理是没有帮助的。因此，父母需要让孩子学会准确估计自己完成一件事情的时间和自己做这件事情的实际能力，不要把目标定得太高，也不能把时间限制得太死。如果自己制订的计划和目标超出了孩子的能力范围，或者是在规定的时间内不能完成，那么孩子自然会产生急躁的情绪。

在日常生活中，父母可以帮助孩子制定每次需要完成的小目标，比如将一周写十页字帖换成每天写两页字帖，这样孩子每天都能够享受到成功带来的喜悦，坚持完成任务。

最后，父母也需要做孩子的表率，在遇到事情的时候冷静处理，为孩子做个好的榜样。如果家长对孩子的急躁失去信心，变得暴躁，与孩子对立起来，这样反而会强化孩子急躁的行为方式。如果家长急于求成，恨铁不成钢，对孩子要求过于严格，孩子就会更加急躁，失去忍耐力，从而无法控制自己的情绪。

2. 学会聆听，不与孩子"硬碰硬"

要想让领袖型孩子改掉急脾气，家长就要耐心询问孩子的想法，聆听孩子的诉求。必要的时候，采取适当的惩罚，让孩子承担乱发脾气的后果，这样孩子就能够三思而后行。在孩子发怒时，家长与孩子"硬碰硬"，无异于火上浇油。

当孩子愤怒时，父母不要立即进行制止，要仔细聆听孩子愤怒的原因。父母可以坐下来，心平气和地与他们一起商讨解决问题的办法。在商讨的过程中，让孩子自己做主，父母引导即可，在整个过程中，父母要让孩子做主角，让孩子感受到父母对他们的尊重，这样就会赢得孩子的信赖。如果家长沉着冷静，做事井井有条，待人接物谦和有礼，对待孩子言行一致，那么相信孩子也会受到父母的熏陶，学会控制自己的情绪。

3. 让孩子学会控制自己的支配欲

领袖型孩子具有很强的支配欲，他们愿意成为伙伴中的小领导，还希望自己制定的规则能够被大家严格遵守。他们还会监督他人是否按照规则行事，一旦发现他人没有遵守规则，就会非常严厉地批评别人，这样会让很多小朋友内心不服，甚至为此渐渐疏远他们。

对于领袖型孩子，如果家长教育得当，孩子长大以后，就会让自己儿时的"小霸道"转变成为领导力，成为同辈中的佼佼者。因此，父母一定要及时纠正孩子的霸道行为。

首先，父母应该用谦和的态度影响孩子，在待人接物、为人处世方面遵守礼仪，做到谦逊有礼，不要以霸道的方式对待孩子和他人。而且，父母要注意的是，对于领袖型孩子的期望和规定要在合理的范围之内，要符合孩子的成长规律，不要对孩子提出过高的要求。如果家长常常控制孩子的行为，要孩子按照家长的命令行事，孩子也会学习家长的行为，在与其他孩子相处时，将这种专制用到其他孩子身上。

其次，尊重孩子的想法，正确引导孩子。领袖型孩子有的时候会打破规则，有的时候会变得蛮不讲理，但是实际上孩子并不是有意要与家长进行对抗，他们需要家长正确的引导。假如父母非要强迫孩子按照规则行事，而自己却不能以身作则，那么孩子也会效仿父母，在与同伴玩游戏时强迫同伴听从自己制定的规则。如果家长能够保持态度上的柔和，尊重孩子的想法，询问孩子的意见，那么孩子也会受到父母的影响，在待人接物时尊重他人。

最后，父母还要培养领袖型孩子自主做事的习惯。平时，父母可以安排领袖型孩子做一些力所能及的事情，比如，自己整理书包、收拾玩具、做一些家务，让他们安排时间主动去完成。家长还可以鼓励孩子为自己的事情做主，成为自己的小领导，增强孩子的自我满足感，渐渐地，孩子就会形成良好的行为习惯，就不会习惯性地指使别人为自己去做事情。

和平型：温和友善的和平派

和平型的孩子性格温和、稳重，能够帮助协调小伙伴之间的矛盾。但是他们缺乏主见，遇到事情很难做出决定，也常常因为害怕起冲突而主动做出让步。这种类型的孩子性格特征如下：

他们心思细腻，有的时候是十分敏感的，他人的一句玩笑或挖苦就会让他们的心灵受伤。

他们做事情效率低下，能拖到明天的事情，决不会在今天完成。有的时候甚至对于说好要做的事情，最后也没有做。

他们没有主见，也不会坚持自己的观点，但有的时候却特别固执。

当遇到让他们犹豫不决的事情时，常常会询问他人的意见，也会看周围的人是怎样选择的。

他们的想法通常很单纯，在他们眼中，很多事情并不像想象中那样复杂。

他们会为了避免产生矛盾和冲突而选择牺牲自己的感受，愿意平平淡淡，没有过多的情绪，喜欢粉饰太平。

他们很好说话，喜欢配合别人的行为，不会主动表达自己的意见，因此他们没有办法帮助其他人出主意。

他们对自己要求不高，当别人对他们提出要求时，他们也会漫不经心，显示出不在乎的样子。

他们缺乏自信，有的时候因为过于顺从别人的想法而使自己过于压抑。

他们遇事喜欢逃避，被动、倦怠，不相信自己能够将事情做好。

和平型孩子不善于人际交往，也不懂得如何去保护自己的权益。他们希望身边的人都能够和平相处，当朋友之间发生矛盾和冲突时，他们常常会左右为难，害怕得罪他人。也正是因为他们性格温顺好说话，在童年时期很容易受到淘气的小朋友的欺负。在被欺负之后，他们常常默默地忍受，不会及时地维护自己的权益，更不会报告老师和家长。对于这种类型的孩子，父母在引导时需要注意以下几个方面：

1. 让孩子学会保护自己的权益

和平型孩子不喜欢拒绝别人，这会让其他小伙伴认为他们很好欺负，时间久了就会使对方更加霸道，他们则越来越委屈。就算是他们的权益真的受到侵犯，也不会据理力争，他们想的是能避开就避开，多一事不如少一事，但是最后受伤的往往是他们自己。

因此，对于和平型孩子来说，家长需要做的就是让孩子知道保护自己权益的重要性，明白自己应该坚守原则，不能够选择忍气吞声，要能够积极主动地寻求老师和家长的帮助，避免给自己造成更严重的伤害。

孩子一开始可能很难做到拒绝他人的无理要求，也不会主动去寻求帮助，这就需要家长在日常生活中对孩子的情绪进行观察，当孩子表现出悲伤情绪的时候，家长要及时疏导，引导孩子说出发生的事情。

2. 克服自暴自弃，帮助孩子认识自己

和平型孩子甘于现实，没有上进心，过着随遇而安的生活。对于这种类型的孩子，父母要帮助他们认识到人生价值，培养他们积极进取的生活态度。

平时，父母可以鼓励孩子多参加一些集体活动，并让他们抓住机会，主动向他人展示自己的长处。让孩子明白虽然每个人的智力发展有差别，但每个人都有自己的长处和短处。这样在集体活动中，孩子不仅能够学会优势互补，还能够认识到自己的价值。使自己的强项得以发挥，有助于增强信心，形成乐观向上的人生态度。

此外，激发孩子内心的活力，并教给孩子与人交往的技巧。将不同性格的孩子进行对比我们可以发现，有的孩子做事非常积极，有的孩子却做什么都没有兴趣。这与孩子的兴趣发展潜能有关，家长要引导孩子发现自己感兴趣的事情，为孩子培养适当的兴趣和爱好，在人际交往方面也要多帮助孩子，鼓励孩子与自己爱好相同的伙伴一样做他们共同喜欢的事。

家长还可以多带孩子出去走一走，开阔视野，让孩子知道这个世界是很大的，值得他们去探索、发现，激发孩子积极生活的心态，使其乐观面对外界。

3. 增强孩子的自主意识

和平型孩子为了避免和他人发生争执与冲突，他们宁可牺牲自己的感受去迎合他人，从而忽视自己的心理感受。久而久之，孩子很容易失去自主意识，毫无个性。家长要培养孩子的自主意识，可以从以下几个方面入手：

首先，让孩子做力所能及的事情。孩子之所以没有个性，就是因为孩子在很多事情上没有自己的主见，或者是在成长的过程中没有机会表达自己的想法。在没有成长到一定年龄的时候，孩子对一些事情是认知不到的，因此有的时候很难知道自己想要的究竟是什么，也不能确定自己很喜欢的事情是什么。因此，家长在孩子成长的过程中，要让孩子选择自己出门的衣服，询问孩子喜欢吃哪种蔬菜，让孩子选择希望妈妈读给她的故事……如果家长不征求孩子的意见，事事替孩子做主，久而久之，孩子就很容易缺乏主见，变成一个毫无个性的人。

其次，父母还要学会站在孩子的角度考虑问题，当孩子遇到困难时，父母只需扮演协助者的角色，而非领导者的角色。这就要求父母在日常生活中，要多观察孩子的喜好，结合具体情形，对孩子感兴趣的东西给予配合和支持，为发展孩子的个性提供机会，增强孩子的自主意识，让孩子明白自己是生活的主人，自己的事情需要自己做主。

最后，利用孩子喜欢游戏的天性，多带孩子参加游戏，使孩子产生愉悦的情绪体验，让孩子的性格逐渐变得热情而开朗；也可以让孩子玩角色扮演的游戏，增加孩子的责任感。总之，父母要尽可能地培养孩子的自主意识，让他们知道自己的人生价值，从而不断发展自己的个性。

4. 让孩子独立，不要过于依赖父母

和平型孩子做事情总是小心翼翼，他们常常怀疑自己的能力，担心把事情搞砸，这种恐惧心理使他们很依赖家长，希望能够在家长的提醒下做事情，因此，和平型孩子往往有很强的依赖心理。

父母要想改变孩子的依赖心理，首先，要增强孩子的自信心，只有这样，孩子才有可能消除恐惧心理，拥有独立完成事情的勇气。家长要让孩子知道，每个人都有自己的长处和不足，有的时候一个人可能不擅长某一件事，但是在其他的事情上可能会非常成功，所以要让孩子对自己有信心，要相信即使脱离了父母，也同样能够完成自己想做的事情。

其次，还要注意培养孩子的自尊心，让孩子坚信"我能行"。当孩子对自己的评价渐渐好起来之后，就会乐于做一些自己感兴趣的事情，他们也会逐渐愿意最大限度地利用自己的长处，并且意识到在困难面前选择屈服是错误的。自尊心差的孩子往往依赖性强，而自尊心强的孩子相信用自己的力量可以完成很多事情。

最后，提高孩子的生活自理能力也很重要。家长要让孩子学会整理床铺，收拾书桌、抽屉和书架；让孩子自己洗毛巾、红领巾、袜子等小衣物；要求孩子自己准备上学需要的用品等……尽可能地让孩子做一些力所能及的事情。也许孩子第一次因缺乏经验而做得不好，会出现各种各样的问题，这个时候，父母不要批评孩子，而要耐心教孩子做事情的方法。批评和斥责只会打击孩子做事情的积极性。

第五章

正确塑造：如何培养出好性格的孩子

孩子在未成年时期，性格尚未定型，有很大的可塑性。这个时候父母如能对其进行正确的引导，让孩子养成良好的性格，对孩子的一生将起到积极有益的作用。良好的性格能让孩子战胜困难，积极坦然地面对生活，在不懈努力下最终获得成功；而不良的性格则会给孩子带来一系列负面的影响，在关键时刻甚至能毁掉孩子的一生，酿成悲剧。

加强逆商锻炼，让孩子更加坚强

逆商全称逆境商数，又称挫折商或逆境商，简称 AQ，它是指人们面对逆境时的反应方式，即面对挫折、摆脱困境和超越困难的能力，是美国职业培训师保罗·斯托茨提出的概念，他认为 IQ 智商、EQ 情商，AQ 逆商并称为 3Q，是人们获得成功的必备条件。

在孩子的成长过程中，难免会遇到各种困难挫折。遇到挫折时，是想办法继续前行，还是选择放弃，取决于孩子面对挫折的态度。有些孩子遇到挫折时，能很快调整好自己的状态，想办法战胜困难；但有的孩子遇到一点小挫折就会一蹶不振，甚至走上自杀或违法的道路。

比如，湖北的一名初中生因为不遵守课堂纪律，老师把家长请到学校，学生觉得自尊心受伤，竟然选择跳楼自杀；同样是因为老师的一句批评，一名女生心怀恨意，将热水泼向老师；一名男生与一名女生发生矛盾，心生怨恨，竟然用水果刀刺死女生……种种惨案令父母们想不明白，如今的孩子到底是怎么了？一次再小不过的挫折，孩子们为何会承受不住而走入歧途？

究其原因，这与孩子的逆商高低有关。逆商高的人在遇到困难时，能够冷静地分析问题产生的原因，然后想办法解决困难、战胜困难。而逆商低的人在遇到困难时，会心理脆弱，情绪消极，陷入自我怀疑之中不能自拔。

因此，逆商的高低与孩子的性格有着密切的关系。高逆商有助于孩子养成乐观、自信、坚强的性格，而低逆商则会使孩子养成自卑、敏感、懦弱的性格。教育专家指出，孩子听不得不顺耳的话，遇不得不顺心的事，一旦感觉自尊心受挫，就会大发脾气，情绪低落，自怨自艾，是孩子逆商低下的表现。孩子逆商低下有以下三个方面的原因：

（1）生活太平顺。孩子们长期生活在父母的羽翼之下，养出了小公主、小少爷的毛病。过于平顺的生活使孩子的抗挫能力低下，一旦遇到变故，自然就无法面对挫折。

（2）缺乏释放情绪的方式。如果父母的管教方式过于严厉，孩子遇到事情就会把不良情绪隐藏起来，不敢向父母倾诉，而当这种不良情绪储存到一定程度时，在外界轻微的刺激下，都能触动孩子最敏感的神经，使其在冲动之下做出不理智的事情。

（3）缺乏生命教育。现在的孩子，虽然在物质上应有尽有，但精神世界匮乏，对自己的生命总觉得无足轻重，不懂得自己生活的意义，当受到一丁点刺激后，就容易走上极端。

在每个孩子的成长旅程中，难免会遇到一些不称心如意的事，因此，如何在逆境中生存、进步，是每个孩子都应该具备的技巧。只有逆商高、内心强大的人，才能在未来的路上走得更远、更稳。

作为父母，除重视培养孩子的智商和情商之外，还应该培养孩子的逆商。逆商是帮助孩子战胜一切艰难困苦的最有力武器，那么，父母该如何培养孩子的逆商呢？

1. 让孩子接受挑战

获取成功的道路不是一帆风顺的，需要战胜重重困难。如果孩子刚遇到一点困难，父母就帮助其解决，这就剥夺了孩子挑战困难的机会，可能永远不会具备面对挑战的自信。

生活中，父母应该培养孩子战胜困难的决心，让孩子有机会去追求至少一件很难的事情，最好是一件有严格纪律和规则，需要长期练习的事，比如钢琴、舞蹈、画画，等等。只要孩子选择了做某件事情，父母就要让他坚持下去。在学习的过程中，孩子也许会遇到困难，情绪低落，而在他未放弃之前，父母就要鼓励他坚持下去。当他克服障碍时，他就会真正爱上这件事，并且找到发自内心坚持下去的动力和自信。

2. 不轻言放弃

许多孩子遇到困难时，就轻易选择放弃。这时，父母要让孩子知道自己的不足与短处，明白这不是可耻的事。这样孩子就会去接纳那个"不完美"的自己。同时，父母要告诉孩子，可以通过勤奋和努力来改变自己的不足，面对困难时，不妨多想办法战胜困难，让孩子知道"挫折不可怕，我们还可以再试一次"。

如果再试一次还是没有成功，父母可以向孩子示范如何做才能做得更好。完成之后，再和孩子一起分析失败的原因及注意事项，并总结经验教训。

3. 缩小"心理舒服区"

所谓的心理舒适区指的是一个人表现的心理状态和习惯性的心理模式，在这种状态或者模式下人会感到舒适。现在大多数家庭模式是以孩子为中心，父母及老人把孩子捧在掌心，这种过分的保护和宠爱会让孩子始终处于深度的"心理舒适区"。

而当被溺爱长大的小皇帝和小公主们走出家门，面对不熟悉的环境的时候，就会感觉到不安和迷茫，孩子在这种心理状态下的逆商大大降低。所以，父母对孩子不要保护过度、剥夺孩子独立自主的能力。

4. 削弱孩子的满足感

在独生子女时代，孩子是父母的心肝宝贝，孩子想要什么父母就买什么，这样做虽然满足了孩子的需求，但同时也会给孩子带来负面的影响。这是因为父母完全满足孩子的各种需求，就相当于给孩子灌输这样一种思想：你在这个家里最重要，你想要什么都能得到。而当孩子在外面某些需要得不到满足的时候，往往会沮丧而产生挫败感，可能从此一蹶不振。因此，这就要求父母在面对孩子的各种需求时，需要酌情处理，合理的需求就满足，不合理的需求就要拒绝。

总之，逆商对孩子的心理塑造和未来的发展起着决定性的作用，高逆商会让孩子养成积极乐观、坚强的性格。因此，在孩子成长过程中，父母一定要加强对孩子的逆商训练。

将感恩教育融入点滴生活之中

近年来，社会上发生了一些子女虐待甚至杀害父母的极端事件，引发很多家长感叹："孩子咋这么不懂父母的心，不懂感恩父母呢？"其实，孩子不懂感恩是与家庭教育息息相关。在独生子女盛行的年代，孩子时时刻刻都扮演着被爱的角色，他们想要什么东西，父母都会千方百计地满足。久而久之，很多孩子把父母的付出看作理所当然的事情，在父母面前，他们只知索取，而不知回报。

也正是因为父母习惯于包办孩子的一切大小琐事，爱子心切，爱意太浓，将孩子养成了不懂感恩的"巨婴"。几乎所有的父母都希望给孩子最好的东西，而忽略了培养孩子的感恩品质。因此，父母付出自己全部的心血，却培养出一个个"受之无愧"的孩子，他们觉得父母所有的付出都是应该的，而当有一天父母无法满足孩子的各种需求时，孩子就会对父母表示不满，心生怨恨。

网上曾有一个非常红火的帖子，一位网友吐槽自己10岁的小侄子。网友说，他这个小侄子不仅学习成绩好，奥数、围棋、轮滑各种业余爱好也出类拔萃，有这样一个优秀的侄子本是一件很开心的事情。可关键是，小侄子觉得自己太优秀，嫌弃自己的父母配不上如此好的自己。

这个小侄子觉得自己的父母不能给自己好的物质条件，同学爸爸开着几十万元的名车，而他爸爸只开着国产车，他的一些同学拿着高档的手机，而自己的手机丝毫不显眼。最让他心理不平衡的是，那些同学成绩不如自己，却因为家里经济条件好而经常嘲笑他，他觉得这一切都怪自己的爸爸妈妈太没有本事。于是就上演了一幕"狗嫌家贫，儿嫌母丑"的闹剧。

网友的这位小侄子说："我通过努力使自己变得优秀，是为了早日脱离无知无能的原生家庭。"这位成绩优秀、才艺出众的小男孩，将脱离自己的父母作为努力学习的目标，这是一件多么令父母伤心的事情呀。

看完这个帖子，我们一定会觉得那个10岁的男孩简直就是一个白眼狼。父母倾尽所有的心血去培养他，却使他滋生高人一等的优越感。他一方面看不起父母；另一方面却心安理得地享受父母的付出。如此不懂感恩的孩子令人心寒。

孩子不懂感恩与父母的家庭教育方式有关。因为很多父母告诉孩子："你只要好好学习，其他的事不用你管。"久而久之，孩子觉得父母的付出是理所应当的，却体会不到父母的艰辛。

从小被父母捧在手心里的孩子，他们心中只有自己，没有别人，处处以自己的利益为先。这种孩子养成了一种自私自利的性格，完全不懂得感恩父母。那么，如何把孩子培养成一个懂得感恩的人呢？

1. 发挥榜样的力量

生活中，父母要做孩子的榜样，当得到他人的帮助时，一定要表达自己的感激之情。比如，你可以这样说："我感觉好累，因为今天工作太忙了。但我很感激能有一个工作，这样我们就可以买到我们需要的东西。"或者说："一定要记得告诉奶奶，谢谢她在妈妈出差的时候照顾你，送你上学，给你做饭吃。"或者说："你这次取得这么好的成绩，一定要感谢老师对你的指导。"

在日常生活中，父母应该适时地提醒孩子，让他们懂得感恩。若父母拥有一颗感恩的心，耳濡目染下，孩子也会懂得感恩。

2. 充分利用各种节日

父母可以充分利用各种节日来对孩子进行感恩教育，比如：春节收到爷爷奶奶、亲戚、长辈的礼物或红包时，要对他们说"谢谢"，并可以向他们回馈礼物，以表示感谢。回馈的礼物可以是自己的一幅画，或用零花钱买的小物品……礼物不在于价格，贵在情意。教师节，让孩子亲手制作贺卡送给老师，感谢老师的教导之情；父亲节和母亲节，给爸爸妈妈说几句感谢的话语，或者送爸爸妈妈一个小礼物等。总之，通过生活中的点点滴滴，让孩子学会感恩，懂得感恩。

3. 偶尔"示弱"请孩子帮忙

在许多孩子的心目中，爸爸妈妈就是万能的，他们能排除生活中的一切艰难险阻。其实，父母在有困难或有需求时，也可以适当示弱，请孩子帮忙。比如下班回家累了，让孩子帮忙拿拖鞋；生病不舒服，请孩子倒杯水给父母喝；家务活忙不过来时，请孩子来帮忙……

父母示弱，请孩子帮忙，目的是让孩子懂得感恩，学会给予，懂得父母和别人的给予与帮助是一种"恩惠"，而不是理所当然或者欠他的。

4. "计较"孩子的付出

父母要让孩子明白，爱是相互的，我们为孩子付出了一切爱，同样也希望得到孩子对我们的爱和关心。因此，如果孩子独享美食而忘记和父母分享，没有记住父母的生日，父母生病漠不关心，这都是父母必须"计较"的小事。比如："女儿，妈妈太伤心了，你吃东西的时候咋不给我留点呢？我也特别想吃这个东西的。""妈妈今天生病很不舒服，你还冲妈妈发脾气，妈妈的心里好难受呀。"父母的"斤斤计较"，是让孩子明白，父母也需要他们的关心。

5. 记录需要感谢的人或事

父母可以教孩子将要感谢的人或事情记录下来，如果孩子不会写字，通过口述，由父母代笔。

父母可以示范，写出各种感谢，比如：

对家人的感谢：感谢妈妈做了我最爱吃的晚餐，买了我最爱的玩具；感谢爸爸在下雨天为我送伞；感谢爷爷送我的生日礼物；感谢奶奶为我缝制了一件新棉袄……

对其他人的感谢：感谢在公交车上为我让座的叔叔；感谢为我指路的阿姨；感谢机场的工作人员帮我们拿行李……

对大自然的感谢：感谢今天阳光明媚，我可以去逛公园；感谢下雪，我可以去堆雪人……

对自己的感谢：感谢自己这么努力和坚强……

总之，要想让孩子拥有一颗感恩的心，就需要父母在日常生活的点滴中，从身边的小事中，教孩子学会表达自己的感激之情，不忘那些帮助过自己的人，并在他人需要帮助时及时伸出援手。

通过劳动培养孩子的责任感

现代家庭中，独生子女占多数，他们是家中的"小皇帝""小公主"，过着"衣来伸手，饭来张口"的舒适生活。不用付出任何劳动就能享受一切，让孩子养成了好吃懒做的坏习惯，使得他们在生活上对父母的依赖性大，从而形成独立性差、责任意识淡薄的不良性格。

据调查显示，在我国城镇的中小学生中，每天平均参加家务劳动时间为 11.32 分钟，而外国中小学生平均参加家务劳动的时间远远超过我国。比如，美国为 1.2 小时，泰国为 1.1 小时，韩国为 0.7 小时，英国为 0.6 小时，法国为 0.5 小时，日本为 0.4 小时……从这份调查中不难看出，我国中小学生参加家务劳动的时间严重不足。

同样，我国学龄前儿童参加劳动的情况也不容乐观。有的孩子上幼儿园大班了，早晨起床时，爸爸妈妈帮忙找衣服、穿衣服，自己只需懒洋洋地伸胳膊伸腿就行了；上完卫生间，家长要帮忙擦屁股、冲厕所；在家玩玩具，把玩具扔得满地都是，然后扬长而去，等着家长来收拾……

之所以出现这种情况，很大一部分原因在于家长不舍得放手，处处替孩子代劳。有的家长认为孩子还小，没有必要进行劳动教育，等长大了再教他劳动也不晚。其实，正是因为孩子小，才更是进行劳动教育的大好时机。小孩子天生就好模仿，对于未做过的事情感觉很新鲜，想要去尝试一下。此时，正是培养他们劳动意识的好时机。

因此，当孩子要求独立做事情时，父母不要阻挡，应该抓住机会因势利导，刚开始即使孩子做不好，也不要剥夺孩子参与劳动的机会，父母可以让孩子多次的重复和练习，孩子就会慢慢熟悉劳动过程。久而久之，孩子的劳动能力就会得到提高。

让孩子参与劳动不仅可以增强孩子的独立意识和自信心，培养孩子的好性格。更主要的是，通过劳动可以有效地培养孩子的责任心。可见，家务劳动是培养责任感的最好方法。但有效的教育需要讲究方法和策略，父母们不妨从以下几个方面做起：

1. 根据年龄确定相应的劳动内容

在安排孩子劳动时，父母要根据孩子的年龄来确定劳动内容。比如，幼儿园时期，孩子的动手能力较差，可以让他们做一些简单的劳动。比如，帮助家人提轻的购物袋，或者是负责每天丢垃圾，把玩具收到玩具箱等。

而到了七八岁，家长则可以让孩子自己收拾书包，清洗内裤、袜子，叠被子，清理餐桌。再大一点可以教孩子洗碗、拖地、摘菜等。不过，对于每一项劳动，父母都应先教孩子具体的做法，而当孩子做错时，也要有耐心地去引导，千万不要打消孩子劳动的积极性。

2. 鼓励孩子主动劳动

初次劳动时，孩子可能因为新鲜会有兴趣，时间一长就会觉得枯燥无聊，想半途而废，这时候，父母就要鼓励孩子坚持下去。而当孩子逐渐掌握了劳动技能和劳动方法的时候，父母要及时给予夸奖和肯定，比如对孩子说："就是这样干，你真聪明，妈妈相信你会越干越好的!"
"你真是太能干了，爸爸像你这么大的时候，干得都不如你好呢!"父
母的称赞和鼓励往往会成为孩子继续劳动的动力。

此外，父母还可以鼓励孩子在劳动完毕之后，写写"劳动日志"，
让孩子能够记住和回味劳动带来的快乐和收获。

3. 在游戏中体验劳动的乐趣

爱玩是孩子的天性，如果将游戏带入劳动中，就会激起孩子参与劳
动的乐趣。比如，玩"角色扮演"的游戏，由妈妈来当厨师，孩子来
当服务生，让孩子把饭菜端出去，按要求把碗筷摆放好……当孩子感觉
做家务就像玩游戏那么有趣时，他们就会乐此不疲，下次仍会通过游戏
的方式参与到劳动中。

对于上初高中的孩子，父母可以和孩子玩"管家"的游戏，给若
干天的生活费，让孩子来安排家庭人员的饮食起居、家务劳动等。通过
"管家"游戏，让孩子来体验父母平日管家的辛苦，还能让孩子具有主
人翁意识，明白家庭责任的含义。

4. 宽容孩子的失误

孩子在劳动的过程中，难免会因为不熟练而出错，比如，洗碗时没
放稳，碗全摔在地上。这时，父母要容忍孩子的失误，不要批评、斥责
他们，而应先确保孩子的安全，询问和检查孩子是否受伤，然后再轻声
安慰他。等把残局收拾好后，父母还要耐心地指导孩子做家务的方法及
注意事项。

父母若能够以宽容的态度对待孩子的失误，孩子就会长记性，引起
足够的重视，责任心也能够随之形成和增长，使孩子受益终生。相反，
父母若惩罚孩子在劳动过程中的失误，就会打消孩子劳动的积极性。

热爱劳动是中华民族的传统美德，孩子作为家庭中的一员，有义务参与家庭劳动。而父母要给孩子提供劳动的机会，让孩子养成自己的事情自己做、不会的事情学着做、会做的事情经常做的劳动习惯。只有这样，才能培养孩子热爱劳动、勇于承担家庭责任的好性格。

做一个积极乐观的孩子

乐观是一种最为积极的性格因素，是人对现实的稳定态度以及习惯化了的行为方式。要想让孩子生活幸福，父母就需要从小教会孩子乐观面对人生。乐观的孩子心中充满正能量，遇事不悲观，沉稳冷静。保持乐观的态度对孩子的身心发展起着不可忽视的作用，它能帮助孩子在危难时渡过难关。

有这样一个故事：一个爸爸有两个性格截然不同的儿子，大儿子非常乐观，小儿子非常悲观。于是，爸爸打算对儿子进行"性格改造"。有一天，爸爸买了许多色泽鲜艳的新玩具给小儿子，又把大儿子送进了一间堆满马粪的车房里。

第二天清晨，父亲来到小儿子的房间，看见他正泣不成声，便问："为什么不玩那些新玩具呢？"小儿子哭泣着回答："你看这个新买的玩具被我玩坏了，其他的玩具我也怕玩坏，所以就不敢玩了。"

父亲叹了口气，走进车房，发现大儿子正兴高采烈地在马粪里掏什么。过了一会儿，大儿子得意扬扬地说："爸爸，我想马粪堆里一定还藏着一匹小马呢。"

到了中午，爸爸送给两个孩子每人半瓶饮料，小儿子没有舍得喝，他觉得如果喝完了，自己就没有。而大儿子拿起半瓶饮料特别高兴地说："太好了，还有半瓶呢！"于是，他一口气将半瓶饮料喝完了。

这就是乐观与悲观带给孩子的不同的人生境遇。同样一件事情，乐观的人和悲观的人却有着截然不同的看法。父母应该培养孩子积极乐观的心态，这不仅有助于孩子增强克服困难的信心，还有利于孩子健康成长。

积极心理学家塞利格曼说："教导孩子乐观的态度是教他学会认识自己，并对自己及世界所形成的理论感到好奇。你要教他对自己的世界及塑造自己的生活采取积极乐观的态度，而不要消极的等待、接受发生在他身上的事。"所以，父母从小就应该教会孩子以乐观的心态去面对自己的失败，面对压力、面对挫折。那么，父母该如何做呢？

1. 改变自己的解释风格

父母是孩子的榜样，具有潜移默化的教育影响。若想培养一个积极乐观的孩子，父母就要以身作则，用乐观的态度对待任何事情，并在面对任何结果时，有意识地用乐观的解释风格来调整自己的想法。

比如，单元测试时，孩子因为数学没有考好，回家后垂头丧气地说："我永远学不好数学了！""我每一次考数学都不可能考好！""我是我们班最笨的学生！"听到孩子的话后，消极的父母可能会这样回答："看来你在数学方面遗传了妈妈的基因，不是学数学的料呀。""别人都能学好数学，你咋就学不好，看来你真的是太笨了。""连个数学都学不好，你以后能把什么事做好呀。"

这样消极的解释，很容易让孩子产生无能为力的悲观情绪，从而让孩子更加自卑甚至更加绝望，往后更难以继续努力。

拥有乐观心态的父母会这样回答："宝贝，一次没有考好而已，下次努力，一定会像上次一样取得好成绩的。""偶尔失误没有考好是正常的，只要你总结经验教训，坚持努力就一定能考好。""你这次没考好不是脑子笨，而是你审题失误，所以下次审题时一定要仔细些，多读几遍题，弄懂题意后再下笔。"

这就是积极的解释风格，即把孩子遇到的一切难题解释为暂时的、特殊的原因，并向孩子指出这是可以改变的因素。孩子听到父母的积极解释，内心的压力和不安就会缓解，不仅心情得到安慰，自信心也会有所恢复，而且他可能会寻找战胜挫折的方法，从而使自己得到提升。

2. 和孩子一起分析行为与结果的关系

要想孩子拥有乐观的心态，就要让孩子学会正确地认识自己，父母可以和孩子一起分析事件发生的各种原因。

比如，在一次语文考试中，孩子成绩很不理想，父母不妨和孩子一起查找原因："这次考试，如果你在多音字方面多注意下，就不会失去5分啦。下次要在多音字方面下点功夫就好啦。""这次扣分是因为你的作文偏题了，没有把握住主题，因此，在写作文之前，你一定要把主题想清楚，最好先列个提纲，这样就不会偏离方向了。"只有孩子找到失误的原因，才能更好地解决问题。

3. 用积极的眼光看待孩子

父母要想孩子用积极的眼光看待自己、他人及周围的事物，那么父母就要先做一个积极乐观的人。这就要求父母做到两点：一方面，父母在评价孩子时，要发自内心地赏识自己的孩子，多发现孩子的优点和长处，并对其给予表扬和鼓励，用积极的心理暗示，不断培养孩子的自尊心和自信心，激发孩子的内驱力，把孩子培养成一个积极乐观的人。

另一方面，在面对孩子的不足和缺点时，要用包容的心态、积极的眼光来看待，并引导孩子改正缺点，帮助孩子走出受挫的阴影，使孩子看到挫折中孕育的机遇。父母千万不要一味地指责或批评孩子，消极的语言会伤害孩子幼小的心灵，使其陷入自卑中而不能自拔，这将会影响孩子的一生。

在孩子心中播下自信的种子

一个人要想成功，不仅需要优异的成绩，还需要具备良好的品质，而自信心正是获取成功所必备的优良品质。正如居里夫人说的那样："自信，是迈向成功的第一步。"现实生活中总有一些孩子缺乏自信，遇到困难就选择逃避，受到批评就情绪低落，这种孩子性格悲观、沉默、孤僻、自卑。

自信是一种优秀的性格，但它不是天生的，需要靠后天的培养。父母要想让自己的孩子成长为一个拥有超强自信的人，就要从小对孩子进行培养。自信心对于每个孩子来说都是极其重要的。父母在孩子小的时候若能够培养孩子的自信心，这对孩子来说将是一笔巨大的财富。信心是进取心的支柱，是孩子能否独立自主、积极乐观的心理基础。自信心对于孩子健康成长和各种能力的发展，都有十分重要的意义。

15岁的李娜体型偏胖，黝黑的脸上长满了青春痘，矮塌的鼻梁上戴着一副深度近视镜，面部表情无精打采。一看就是一个缺乏自信的女孩。

小学时期，李娜性格活泼，学习成绩还不错。可自从上了初中，因为她个子矮、皮肤黑、体型胖、近视眼、脸上长满了青春痘，班上一些男同学经常开玩笑说她是最丑的女生，并给她起绰号"黑胖妞"。同学的嘲笑让李娜的情绪越来越低落，上课根本听不进去，学习成绩逐渐下降，期末考试排名全班倒数第三名。老师看着她的成绩经常无奈地摇摇头，同学经常评论她是班级里拖后腿的人。

外在形象差、学习成绩不如意、同学的嘲笑让李娜越来越自卑，她常常觉得自己一无是处。因此，在班级里她越来越沉默，最后就不想去上学了。

妈妈劝她说："咱学习不好，可咱体育不错，以后咱们可以往体育方面发展呀，你的铁饼成绩曾打破区运动会记录呢。再说，你歌唱得也很好听，这些都是你的优点呀。"可李娜听了一边摇头一边沮丧地说："我长得这么丑，站在台上还不得被人笑话死。"

很显然，李娜是因为丧失了自信而情绪低落，进而影响了学习和生活。因为缺乏自信，李娜忽略了自身的体育、唱歌优势，认为自己一无是处。可见，自信心对一个人的成长是多么重要。

缺乏自信心的人内心敏感多疑，喜欢将自己的缺点无限放大，因而变得更加自卑，造成恶性循环，带来一系列的心理、生理反应，危害身心健康，影响学习、生活及工作。由此可见，缺乏自信的危害是显而易见的，那么，父母该如何培养孩子的自信心呢？

1. 挖掘孩子的优点

每个孩子都有长处与短处，在这方面有所欠缺，也许在另一面会有突出的表现。因此，在生活中，父母要细心观察，发现孩子的闪光点，并在孩子表现好时多多表扬他、鼓励他，让孩子在不断得到父母的肯定后，认为自己很棒，从而建立自信心。

不过，在对孩子的优点进行表扬和鼓励时，要具体说明，不能一概而论。比如，你下班回家，你的孩子给你搬了一把椅子，让你去坐，如果你对他说："孩子你真棒"，孩子说不定下次就不搬了，因为他也不知道自己棒在哪里。

如果你说："哇！宝贝，你知道妈妈上班累了，辛苦了，给妈妈搬椅子了，这个太谢谢你了，你真是太体贴了。"这种表扬更具体，让孩子明白妈妈上班太辛苦，下班后给她搬把椅子能让她休息一下。所以说，表扬也需要讲求方法，也要注意具体细节。

2. 让孩子获得成功的体验

要增强孩子的自信心，父母不妨为孩子创设能够充分体现自己和体验成功的机会。比如，经常带孩子参加户外活动，并鼓励孩子在难易程度不同的器材上玩耍，让孩子通过挑战获得成功。

平时，也可以交给孩子一些小任务，让孩子独立去完成，比如让孩子去邻居家借个东西，孩子借回东西时，要记得表扬孩子，让孩子获得成功的体验。久而久之，当孩子能够独立完成更多事情时，孩子的自信心就会逐渐建立起来。

当然，爱听故事是孩子的天性。父母可以给孩子讲一些成功人士的故事，以此来消除孩子胆怯、害羞等心理障碍，鼓励孩子只要不懈努力就会获得成功的信心。当然了，帮孩子建立自信心是一个长期的过程，不能只靠一两个故事，父母可以采用多种方式来激励孩子树立自信心。

3. 少用负面语言

家长在评价孩子时，尽量少用负面的言语，比如："我家孩子比较怂，在家里背书背得很熟，一到了老师和同学面前就磕磕绊绊。""孩子的性格是乐天活泼型，但是一到人多的场合就怯场。""我家孩子太没有学习天赋了，脑子不开窍……"

若父母长期用负面、消极的语言来评价孩子，就会使孩子产生"我不行""我什么都干不好""我太笨了"的心理暗示。在面对困难与挑战时，他们往往会先自我否定，然后就习惯性地选择逃避，这样就很难帮孩子建立起自信心。

4. 不给孩子贴标签

很多父母总是不知不觉地为孩子贴上各种标签，比如："我们家孩子英语成绩很差，什么单词都不认识。""我们家孩子有点怕生，比较害羞"……父母这一类的话语其实都是在给孩子贴标签。

"我家孩子英语成绩很差"这种评价会让孩子内心里产生这样的想法：我学不好英语、英语太难了、我不是学英语的料，这会让孩子丧失学习英语的兴趣。孩子一旦接受了"我比较害羞"这样的个人标签，那他很有可能就会是一个性格内向的人。因此，父母在向别人介绍孩子的时候，不要贴标签，不要把孩子限定在自己给他设定的框框里，这样会打击孩子的自信心，使孩子变得自卑。父母应该多介绍孩子的长处和优势，把孩子的优势展现给他人，会让孩子变得更自信。

培养孩子抵制诱惑的能力

当今社会，各种各样的诱惑摆在我们面前，如金钱的诱惑、游戏的诱惑、美食的诱惑等。如果孩子不能有效抵制各种诱惑，就会给自己带来一系列负面影响，甚至会走上违法犯罪的道路。

比如，每年高考时，都会有个别考生因为作弊而被取消考试资格。虽然国家和学校对于作弊现象明令禁止并给予很重的处罚，但依然有些孩子心存侥幸，而屡禁不止，就是因为孩子抵制诱惑的能力太差。除此之外，还有网络、吸毒、赌博、偷盗……各种诱惑如狼似虎地潜伏在孩子们的周围，稍不留神，一些孩子就跳入陷阱之中。

面对社会上的种种不良诱惑，处在未成年时期的孩子，心智还没完全成熟，世界观、人生观尚未形成，缺乏正确的是非观念，且由于自我控制能力不强，对不良诱惑的危害认识不足，稍有不慎，便深陷泥潭之中而不能自拔。

网上报道过这样一则新闻：15岁的邓某是某中学的学生，因为整天沉迷于网络游戏，平时少言寡语，精神呆滞，他经常逃学去网吧通宵打游戏。

为了戒掉儿子的网瘾，妈妈在多次劝阻无效后，同其丈夫商量好后，将儿子锁在家中。5日后，邓某因网瘾大发，想玩游戏却多次遭到妈妈的阻止，后来发生激烈的争吵，情绪失控便将妈妈杀死，酿成血案。

未成年人因为不能有效地抵制诱惑从而走上犯罪道路的新闻屡见不鲜，着实令人痛心。诱惑可以使人沾染不良习气，迷失方向，严重影响生活和以后的人生，所以父母应该好好教育孩子摆脱诱惑。那么，作为父母该怎样帮助孩子培养抵制诱惑的能力呢？

1. 让孩子了解诱惑背后的陷阱

要想让孩子学会抵制诱惑，就要先让孩子了解诱惑背后的陷阱。比如，对于学龄前的孩子，父母一定要告诉他们人贩子拐卖儿童的方法有哪些，要告诉孩子不能贪小便宜，每个小便宜背后可能存在一些陷阱；不要跟着陌生人走；要记着爸爸妈妈的电话和家庭住址……总之，在日常生活中，父母要多和孩子讲一些常见的诱惑及其背后的陷阱，以此来提高孩子的防范和安全意识。

对于那些危害人体健康的假冒伪劣食品，父母可以和孩子一起从电视、网络、新闻上寻找一些资料，让孩子了解这类食品的制作过程，以及对人体存在的危害，把食品安全的概念输入孩子的大脑里。刚开始，孩子可能因为年龄小经不住诱惑，但是，父母要经常提醒孩子，如果不能抵制住诱惑，就会产生哪些危害。并且，父母平时也要以身作则，不买、不吃这类食品。

2. 引导孩子了解社会的复杂性

社会是复杂的，父母要让孩子多了解社会的复杂性，这样就可防微杜渐。比如，人贩子拐卖儿童时，通常会拿一些好玩的玩具或好吃的零食来诱惑孩子，然后趁机把孩子带走。这时父母可以问问孩子如果遇到陌生人给他好吃的零食或者玩具时，他会怎么处理；或者通过讲故事方式与孩子聊聊正、反两个方面的社会现象，并让孩子发表自己的看法，然后再把一些排除危险的方法告诉孩子。

3. 给是非一个界限

没有规矩不成方圆，父母应从小就为孩子制定一些行为规则，让孩子知道哪些事情可以做，哪些事情不能做。比如，不是自己的东西不能伸手去拿；拿别人的东西要经过主人的同意；他人给东西，应先问问爸爸妈妈能不能要。

当然有些规矩对于年幼的孩子来说，可能听不懂，这时父母不妨用其他东西转移其注意力；当孩子具有一定的自主意识，能听懂一些道理时，爸爸妈妈可以借助讲故事的方式使孩子明白其中的原因。孩子刚开始可能因为记不住那些规矩，而屡屡不遵守规则，这时爸爸妈妈要"将解释进行到底"，并给予一定的惩罚，让孩子为自己的行为承担后果。

4. 对孩子的欲望有所节制

人的欲望是无限的，父母要控制孩子的欲望，不能无限满足孩子的各种需求。不懂得节制的孩子，要什么玩具就有什么玩具，要吃什么就有什么，孩子的需求若太容易满足，那么在孩子的世界里，这就是理所应当的事情。而当有一天，他的欲望和需求得不到满足时，他就会通过哭闹、自残，甚至离家出走、威胁、抢劫等极端的手段来达到目的。因此，父母要让孩子知道节制自己的欲望。

比如，孩子喜欢看电视，父母可以给孩子安排看电视的时机，每天只可以看半个小时；孩子喜欢吃冰激凌，不要无限量供应，每天给孩子一支到两支，让他对美味有所期盼；孩子想买需要的东西，不要一次全部满足，可以少量满足其中一个或几个即可。

5. 后果比较法

父母可以通过后果比较法，列举出做这件事的后果，以及不做这件事给孩子带来的好处。比如，无节制地上网、未成年谈恋爱、看电视会对孩子造成哪些后果；而如何把心思和时间大部分放在学习上，又会产生哪些后果。通过对两种不同后果进行比较，可以帮助孩子养成先思考后行动的习惯。

引导孩子成为有主见的人

很多父母一边事事替孩子包办，一边又抱怨自己的孩子缺乏主见。其实谁都不希望自己的孩子将来成为一个人云亦云、毫无个人想法的人，所以在日常生活的潜移默化中鼓励孩子养成独立思考、独立决策的性格就显得格外重要。

通常来讲，孩子有没有主见，有天生的原因，但后天的教养也有很大影响。有的孩子，天生性格内向，不喜欢发表自己的意见，愿意听从和服从他人的决定。他们比较容易接受他人的意见，只要在不触及底线的情况下，顺其自然、因势利导会令他们觉得更舒服。

不当的教养方式也会让孩子成为一个没有主见的人。很多父母把"听话""乖巧"做为好孩子的标准。孩子听话虽好，不过非常听话对孩子并不一定是一件好事，因为孩子过于听话会存在以下这些隐忧：

（1）小时候顺从，青春期更叛逆。在父母的"听话才是好孩子"的观念影响下，一些孩子为了讨父母欢心就压制情感，违背自己的意愿。如果这些压抑自我的负能量没有得到及时宣泄，聚沙成塔，到了青春期，当孩子有了强烈的自主意识时，这些负能量就会集中爆发，成为问题孩子。

（2）缺乏判断力，没主见。听话的孩子一般全部按照父母的安排去做事情，缺乏独立思考的机会，对复杂事情更缺乏判断力，拿不定主意，缺少历练。当他们遇到困难时，就会习惯性地把问题丢给父母，由父母帮他们判断、解决，这就会使孩子缺乏主见。

（3）不能成为生活的主人。过于听话的孩子一切都按父母的意愿行事，成为生活的傀儡，久而久之，孩子不仅缺乏独立思考的能力，也无法独自承担责任和体验人生的酸甜苦辣。他们长期在父母的保护下生活，心理脆弱，承受力差。

在生活中，如果父母什么都替孩子考虑好、决定好、准备好，那孩子也就习惯性地放弃了自己决断的权利，久而久之就养成了毫无主见的性格。由此可见，培养儿童独立自主的性格比让他学会听话要重要。

孩子作为独立的个体，有一天他终究会长大，要离开父母的怀抱独自去承担一切。因此，父母要引导孩子学会独立思考，这是所有家长最重要的任务。那么，父母应该如何培养孩子独立自主的性格呢？

1. 多让孩子自己说话

父母应多给孩子发言的机会，鼓励孩子发表意见，有的时候让孩子学会自己表达对孩子的成长是有利的。比如说孩子在和父母讲述某件事情时，父母不妨当个听众，仔细聆听，千万不要急于插话，在中间打断孩子说话。让孩子锻炼自主说话的能力，多发表自己的意见和看法，久而久之会让孩子的自主个性得到很大的发展。

2. 培养孩子兴趣爱好

在孩子小的时候，对于他们的兴趣爱好，父母可以挑选一两个出来着重培养。比如说，如果一个孩子非常喜欢音乐，那么父母就让孩子去学唱歌或乐器；如果孩子喜欢画画，父母不妨让孩子去学美术。并且，对于孩子的兴趣爱好，父母要鼓励孩子坚持学下去，不能半途而废。

培养孩子良好的兴趣爱好，并鼓励孩子坚持下去，就能让孩子形成相对独立的个性，而不是让他做一个只会听话的孩子。

3. 给孩子"犹豫"的时间

很多时候，孩子遇事不能及时做出决定，并不是他们没有自己的想法，而是因为想得太多导致自己不知如何抉择。因此，父母要给孩子做决定的时间，而不能不耐烦地一直催促，或者干脆替孩子做决定，这样做就会打击孩子自主的积极性。给孩子充分的考虑时间，相信孩子能做出决定，家长的信心将会转化为孩子的自信。

4. 教会孩子说"不"

要使孩子有主见，就要让孩子学会辨别是非，该坚持的就坚持，该拒绝时就要及时说"不"。平时，父母可以和孩子一起玩"说不"游戏，家长故意出错，让孩子挑出错误的地方，并对错误之处进行纠正。

和孩子玩这种游戏，主要是让孩子明白，无论大人还是孩子，做事情时都有可能出现失误，只要孩子意识到这一点，就不会盲目地相信权威，遇事就会独立思考。

5. 在有争议时要引导孩子表达

随着年龄的增长，孩子的独立思考能力和语言表达能力增强，此时，他们会将自己的不满、不高兴、不同想法都表达出来，尤其是当他们的想法与父母的想法发生冲突时，他们会据理力争，并试图说服父母采纳自己的意见。

此时，对于孩子的意见，有的父母认为孩子太叛逆，不听话，会大声呵斥孩子"闭嘴""不许反驳""听话""别找借口"，来阻止孩子表达自己的意见。事实上，孩子能够表达意见是好事，说明孩子是有主见的。

因此，父母应该耐心倾听孩子的意见，千万不要用训斥、责骂的方式试图让孩子听从父母的意见。允许孩子表达自己的想法和意见，是培养孩子自主性的一个重要途径。

做一个心中充满爱的孩子

"爱"是人类永恒的话题，孩子从一出生起就享受着父母及亲人的爱。父母在给予孩子无微不至的关爱的同时，也要鼓励孩子对父母、长辈奉献自己的爱心。孩子若在一个充满爱的环境中成长，那么他的性格一定会是开朗阳光的。

拥有爱心是孩子心理健康的一个十分重要的标准，尤其在儿童时期，孩子的身心发育最为迅速，是最关键的时期。因此，在这个阶段培养孩子的爱心，对孩子良好性格的塑造起着不容忽视的作用。然而，在许多的家庭教育中，父母往往比较重视智力的开发，而忽视了去培养孩子的爱心。

孩子若缺乏爱心，那么他们就会养成冷漠无情、自私自利的性格，这无疑是不利于孩子成长的。爱是双向的，每个人在付出爱的同时，也希望得到他人的爱。然而，许多父母往往是付出全部的爱去呵护孩子的成长，却不教育孩子回报爱，这就导致孩子养成只求索取、不知回报的性格。

苏联教育家苏霍姆林斯基说过，爱心是最宝贵的，孩子的爱心必须从小开始培养。因此，培养孩子的爱心也是父母对孩子应尽的义务。那么，父母该如何对孩子进行爱心教育呢？

1. 发挥榜样的力量

父母的行为潜移默化地影响着孩子，若想培养一个有爱心的孩子，父母就应该率先做出有爱心的行动，言传身教无疑是最具有说服力的教育方法。比如，平时在家里，如果父母把孝敬长辈视为必做之事，逢年过节以孝为先，那么，在耳濡目染之下，孩子也会成为一个有孝心、有爱心的人。

父母是孩子的第一任老师，在平时的生活中，只有父母充分发挥榜样的力量，孩子才会去模仿，进而转化为自发的行为。因此，父母更要以身作则，用自己对长辈的爱心，教育孩子也做一个有爱心的人。

2. 对孩子进行移情训练

对孩子进行移情训练也可以培养他们的爱心。所谓移情训练就是让孩子把自己痛苦时的感受与别人在同样情境下的体验加以对比，体会别人的心情。比如，当看到其他小朋友遇到困住时，父母可以启发孩子说："如果你遇到了困难，你会怎么办呢？如果有人帮助你，你会不会很高兴呢？你看，你要不要去帮助那个小朋友一下？"

移情训练的目的就是让孩子学会理解别人、体谅别人，当别人遇到困难时，能够奉献自己的爱心。

3. 在生活中培养孩子的爱心

父母也可以从生活的点滴中因势利导，来培养孩子的爱心。比如，可以让孩子养自己喜欢的小动物来培养孩子的爱心。有相关调查表明，幼年饲养过小动物的孩子感情比较细腻，心地比较善良。相反，不喜欢小动物的孩子性情比较冷漠，与他人发生矛盾冲突时，脾气暴躁，大吼大叫，行为暴力，并且会欺负弱小的同学。

因此，若孩子喜欢养小动物，父母不妨支持孩子的决定，可以在家中养一些小狗、小猫、金鱼等小动物。当然，照顾小动物的责任应由孩子自己承担，父母只需从旁协助即可。让孩子通过照顾这些小动物来体验生活中的乐趣，孩子的爱心就会慢慢地培养起来。

4. 让孩子适当吃点生活中的苦头

父母就是孩子的保护伞，默默地承担起一切重担，这让孩子觉得生活中的一切都是美好的，似乎没有什么困难挫折。事实上，父母若替孩子承担了一切，反而不利于孩子的成长。

孩子作为家庭的小成员，有义务去承担一些力所能及的事情。因此，父母应该学会放手，主动让孩子了解一些生活的真实情况，让孩子从小就学着与父母一起分担。孩子只有积极参与到家庭事项中，体验到了生活中的酸甜苦辣，才能理解父母、体谅父母的不容易，从而才能懂得关爱自己的家人，这不仅有利于培养孩子的爱心，也有利于让孩子懂得感恩，知道承担责任。

第六章

修复缺陷：让孩子和不良性格说"BYE BYE"

在竞争激烈的时代，一个人想要生存立足，求得发展，性格的完整与健全至关重要。现代社会不欢迎有性格缺陷的孩子，父母作为孩子的教育者和引导者，不能要求孩子的命运会自己改变，我们只能通过正确的引导，塑造孩子的好性格，修复孩子的坏性格，从而使孩子健康茁壮地成长。

让孩子远离抑郁的阴影

在新闻报道中，我们经常看到孩子离家出走、甚至自杀的惨剧，而悲剧的源头之一是孩子患上了抑郁症。提起抑郁症，很多父母认为，这是大人的专利。事实上，据调查显示，抑郁在儿童中的发生率为 $0.4\% \sim 2.5\%$ ，在青少年中这一比率上升至 $5\% \sim 10\%$ 。

据权威部门统计，我国的抑郁症患者大约有 9000 万名，其中低龄儿童抑郁症患者占到将近三分之一，并以每年 10% 以上的速度增长。虽然儿童抑郁症患者不在少数，不过这并没有引起父母的重视。

抑郁症看似对人的影响不大，事实上它威胁着孩子的健康，影响着他们的心理、思维、感受和行为等诸多方面。长期的抑郁会导致大脑萎缩，特别是掌管思维反应的额叶体积缩小，从而导致人的认知功能出现问题，比如因抑郁而自杀便是人的认知功能出现了问题。

抑郁症是一种因不良性格而引发的心理疾病，会经常表现出负面情绪和自卑情绪，为了一点小事大发雷霆，摔东西，自残。当孩子有这些行为出现时，父母要引起重视，千万不要以为是孩子性格或脾气的问题。有心理专家指出，孩子要是出现了严重的自残倾向，心理上一定出了问题，很多抑郁症患者在自杀之前，都有过自残行为。

平时，父母要对孩子的心理及行为多关心，如果发现孩子的行为突然出现异常，性格大变，在排除孩子的身体疾病后，就应该想想是不是孩子的心理方面出了问题，并及时带孩子去看心理医生。儿童抑郁症不是疑难病症，只要发现的及时，并及时治疗，是完全可以缓解和治愈的。

不过，孩子因为受到年龄、经济、智力等多方面因素的影响，即使有抑郁症的表现，也常常被父母忽视。多数父母认为，孩子患抑郁症的概率较小。因此，当孩子说出"生活真没意思""活着这么累还不如死了算了"……大部分父母听到孩子说这些话时，常常会忽视孩子的负面情绪，并直接训斥孩子，从而导致孩子的心理受到创伤。

一些孩子年龄虽小，但其内心是敏感多疑的，当他心理受到创伤时，如果得不到及时的宣泄，长期压抑就会引发抑郁症。那么，父母应该怎么做才能预防孩子得抑郁症呢？

1. 心理健康比成绩更重要

自从孩子进入校园后，成绩就成为父母关注的焦点。很多父母将孩子学习成绩的好坏作为衡量孩子未来是否成功的标准。如果孩子没有考好，或是学习上没有达到父母的预期，一些父母就会对孩子施加各种压力。

父母若把成绩看得过重，就会让孩子觉得父母只在乎成绩，并不在乎自己的感受，这样他们的心理就会产生烦躁、焦虑的情绪。久而久之，就会影响孩子的心理健康。这就要求父母要改变自己的观念，不把成绩作为衡量孩子好坏的标准。当孩子成绩不理想时，要多分析总结原因，帮助孩子提高成绩，而不要一味地埋怨、指责孩子。

2. 让孩子多交朋友

一般来讲，朋友知己是孩子的心灵港湾，当遇到烦心事时，孩子如果有很多朋友的话，就可以将自己的烦心事倾诉给朋友听，这样孩子的负面情绪就会排遣出来。所以，父母应多让孩子出去交朋友，尤其是生来就内向敏感的孩子。

3. 多和孩子沟通

良好的沟通是解决父母与孩子之间矛盾的桥梁，不过，在沟通时，很多父母喜欢以自己的主观意愿为主，站在大人的角度看待问题，完全不尊重孩子的意见，不考虑孩子的感受，并代替孩子做出决定。这样不平等的沟通方式很难被孩子认可，因此，在沟通时，应该站在孩子的角度，多考虑孩子的感受。

父母不仅要关心孩子的健康，也要多关心孩子的内心世界，了解孩子的心理变化，只有这样才能密切亲子关系。在孩子的世界里，父母是自己最亲近的人，如果连父母都不关心自己的情绪，他们就会很失望。

4. 营造和谐的家庭氛围

很多家庭，夫妻之间可能由于经济压力、工作压力、家庭矛盾以及性格不合等原因，常常爆发家庭大战。这样既伤害了夫妻感情，也在无形中伤害了孩子，给孩子心中留下阴影。研究表明，夫妻关系不和睦，容易引发孩子的心理问题。因此，尽量营造夫妻和睦的关系，给孩子的成长营造良好的家庭氛围。

5. 多表扬孩子

在孩子的成长过程中，父母心中总有一个"别人家的孩子"，他们喜欢拿自己孩子的缺点和别人家孩子的优点做比较，比如："你看看某某家的孩子，数学考得那么好，你应该多向他学习""你看某某小朋友那么听话，你怎么那么淘气？""你看某某多才多艺，多厉害，你要是和他一样，我开心死了"……

父母拿自己的孩子和别人家的孩子做对比，原本是想激发孩子的上进心，却在不知不觉中伤害了孩子。很多抑郁自闭的孩子，就是因为常常受到父母的批评和斥责，在长期的打击下，心灵受到创伤。因此，父母要多给孩子一点赞扬和肯定，当孩子取得一些成绩时，要及时给予表扬和鼓励，使他更有自信。

找对原因根治孩子的谎言

孩子在成长的过程中，有时候难免会有撒谎的行为。撒谎就是不说真话，是一种不诚实的行为，被人们视为一种恶劣的品质问题。孩子说谎，父母既讨厌，又常常束手无策。如果不及时改正，那就有可能使孩子养成不诚实的性格习惯。

孩子为何会撒谎？探其究竟，有的是为了让父母高兴而撒谎；有的是为了逃脱惩罚而撒谎；有的是为了掩饰自己的尴尬或能力不足而撒谎；而有的则是因为分不清现实和想象而撒谎……

面对孩子的各种谎言，大多数父母采取的是说教的方式，甚至会怒气冲冲地教训孩子。其实这样的教育方式是不对的，在发现孩子撒谎后，父母应该先和孩子沟通，了解孩子撒谎的原因，并试着去理解孩子，用安慰代替说教不仅会更好地保护孩子的自尊心，也会使孩子意识到自己的错误，并加以改正。

裴女士的女儿雯雯今年8岁，她是全家人的掌上明珠，平时，裴女士将全部精力都花在女儿的生活和学习上。但是，让裴女士头痛的事发生了，女儿雯雯竟然用撒谎的方式来逃避去上学。

　　事情的起因是，雯雯不想去上学，她希望能陪着姥姥待在家里，她认为学校纪律太严，没有自由，在家里就可以随心所欲，想干什么就干什么。不过，雯雯也知道爸爸妈妈不会同意她的想法，因此她也不敢在这件事情上撒娇。

　　一天，雯雯爸爸生病了，肚子疼得厉害，在看过医生后就请假在家休息了。这让雯雯蠢蠢欲动，她觉得如果自己生病了也可以不用去学校，可以待在家里休息看电视。于是她就展开行动了。

　　雯雯隔三岔五地就和妈妈说自己不舒服，开始的时候裴女士还真担心雯雯是哪里不舒服，就让她待在家里休息，可是几次之后，裴女士发现，雯雯是装病，目的是为了不上学。在发现真相之后，裴女士又急又恼，可是她又不能当面戳穿女儿的谎言，害怕雯雯心里受到伤害。

　　裴女士甚至想过当雯雯再次说谎时，带她去医院检查，让医生揭穿女儿的谎言，不过又觉得请假去医院不仅费时间，还费钱。后来，经过深思熟虑，裴女士决定找女儿雯雯聊聊天。于是，每天接女儿时，她都有意无意地问下女儿在学校的上课情况以及和同学的相处情况。经过多次沟通，裴女士得知，雯雯最近和班上两个玩得最好的朋友发生了一些矛盾，两个朋友都孤立她，下课不和她玩，并让其他孩子也不和她玩。朋友和同学的排挤让雯雯很伤心，觉得每天在学校很没意思，因此她产生了不想上学的想法。

　　弄清楚原因后，裴女士先是找到两个孩子的家长，和她们反映了雯雯的情况，并请她们配合做孩子的思想工作，不要再孤立雯雯。并且在周末时，裴女士带上孩子爱吃的零食，和雯雯一起去两个同学家做客。同时，裴女士也引导雯雯在和小朋友相处时，要懂得分享和包容。

　　经过多方努力，雯雯不想上学的问题终于得到妥善解决。

由此可见，在面对孩子的谎言时，父母一定要冷静处理。孩子撒谎有时候是因为担心或恐惧，比如孩子装病不想去学校，有可能是因为和同学发生了矛盾，或者是受到同学的排挤欺负。因此，父母应该冷静下来，先弄清楚孩子撒谎的原因，然后再有针对性地纠正孩子撒谎的不良习惯。这样不仅会让孩子信任父母，还能让孩子向父母敞开心扉。

蒙台梭利说过，说谎是孩子心理畸变中最严重的缺点之一，但也是孩子日常生活中经常发生的现象。他通过对孩子习性的观察发现，在孩子身处陌生环境时，其原有的计划受到阻碍后，就可能导致心理畸变的发生，而孩子也就学会说谎。

孩子爱说谎常常令父母头痛，但父母若对孩子的谎言给予各种形式的强制干预，会造成孩子内心的焦虑与恐慌，从而影响孩子的心理健康。因此，在不扼杀孩子想象力的前提下，鼓励孩子说实话，不仅有利于纠正孩子的不良习惯，还有利于孩子心理健康的发展。以下方法可供父母参考：

1. 教会孩子合理表达自己的需求

如果孩子撒谎的目的是希望得到某件东西，那就表明孩子还没有学会怎样合理表达自己的需求。因此，父母要鼓励和引导孩子学会合理地表达自己的需求，比如要告诉孩子："你需要什么可以告诉爸爸妈妈，如果要求合理，爸爸妈妈就会满足你。当然，不合理的要求我们会拒绝"。不过，在拒绝孩子的不合理要求的同时，也要把原因告诉孩子，让孩子明白父母为何会拒绝他。

同时，当孩子表现良好时，父母可以奖励孩子喜欢的一些食品或者玩具，这样就可以满足孩子的需求。当然，家长得先了解孩子喜欢的东西是什么，只有投其所好，才能吸引孩子。

2. 切忌过分严厉批评孩子

有的孩子做错事情，害怕受到父母的责罚，就会用谎言来欺骗父母。因此，父母对孩子的惩罚力度以及惩罚方式，需要根据孩子的承受力来决定，过分严厉反而会适得其反，甚至可能会对孩子一生的成长留下阴影。

父母对孩子最好的惩罚方式是限制某种行为、取消某种物质奖励。比如，孩子向家长撒谎之后，家长可以取消带孩子出去玩的决定或者取消买某种奖品、零食、物品等，并且告诉孩子说谎的危害、取消喜欢活动的原因等。

不过，父母需要注意的是，在没有证据证明孩子撒谎时，就不能强制给孩子贴上"撒谎"的标签，这容易使孩子受到伤害。

3. 故事教育法

对于喜欢听故事的孩子，家长可以通过讲故事的方式来引导孩子养成诚实的品质。比如，狼来了的故事就非常典范，在讲完故事后，父母可以把这个故事的寓意告诉孩子，让孩子建立是非观念，孩子可以通过故事得到启发，并能设身处地地明白自己撒谎的弊端。在孩子了解撒谎这种行为的不良性后，慢慢地也会对自己的撒谎行为进行检讨，从而能及时有效纠正孩子的不良行为。

4. 丰富孩子的知识面

爱幻想是孩子的天性，他们有时候将幻想中的事同现实中的事混淆起来，分不清事情的真假，这实际上是孩子的一种想象，并把这种想象运用到现实中，这就是人们常说的"吹牛"现象。对待孩子的"吹牛"，父母应该善于利用，首先对他们的想象力进行鼓励与表扬，然后抓住机会，通过身边的客观事物、书本、电视等一些直观手段，让孩子在获得正确知识的同时，能够比较客观、正确地看待一些事物，从而让孩子知道 "吹牛" 行为是错误的。

创造机会，帮孩子克服害羞

"孩子性格内向，不敢和小伙伴一起玩怎么办？"

"孩子见到生人就胆小害羞，躲在爸爸妈妈身后不敢打招呼，怎么办？"

"孩子在学校无法融入集体，交不到好朋友总被孤立受排斥怎么办？"

……

自从开始校园生活，一些孩子因为性格羞涩、内向、慢热等问题，很难适应校园生活，成为 "交往困难户"。这类孩子性格内向害羞，不善于交际，更不敢在众人面前大声说话，他们极度自卑，内心很孤独……对于孩子的这些表现，父母很头痛，不知用什么方法才能使孩子性格变得开朗活泼。

有位妈妈说：她儿子是个活跃分子，在家里常常上蹿下跳，耍各种的横，是个十足的 "小霸王"，可是一到陌生环境，就会变得老老实实，不管是面对小朋友还是大人，都一副害怕害羞的样子，既不敢主动和人打招呼，也不敢和小朋友玩。因此，这位妈妈十分焦虑，尤其是看到别的小朋友热情大方时，就会羡慕得不得了。

很多孩子在家里和在外面呈现出两种截然相反的性格，在家的时候性格开朗、嗓门洪亮、手舞足蹈、能唱能跳，可一旦到了外面，就变成一个乖巧、听话、内向的孩子：说话小声，不随便插话，安安静静坐在爸爸妈妈的身旁。

孩子的害羞行为使得父母很着急，担心孩子的内向性格会带来人际交往障碍，影响未来的发展。有心理学家在临床上发现，孩子小时候性格若内向害羞，长大之后有三分之一左右的人仍然性格内向害羞，并会存在社交恐惧症。具有社交恐惧症的人，常常会有这些情绪反应：害怕在众人面前讲话，缺乏自信，外表冷漠，内心孤单。这种性格缺陷会使孩子失去很多机会。

内向害羞不仅影响孩子性格的形成，还不利于孩子身心健康。而孩子害羞的主要原因是缺少社会交往。一些父母由于工作忙碌，陪伴孩子的大多是玩具或电视。对于这类孩子，首先父母要对他多鼓励，少批评，并多为孩子提供与人交往的机会。比如，家里有客人来访时，可鼓励孩子为客人送茶水、搬椅子，积极热情地招待客人；带孩子外出时，鼓励孩子主动与陌生人打招呼，与小朋友一起玩；带孩子去亲戚家做客等。

父母包办过多，孩子的自主性得不到发展，也会让孩子性格变得内向害羞。儿童时期，孩子具有较强的好奇心，并喜欢模仿他人，此时，他们喜欢按照自己的想法去做一些感兴趣的事情，并常常表现出顽皮、不听话等倾向。其实，这是孩子自主性发展的表现。父母要支持并鼓励孩子的这种表现，千万不要因为心疼孩子，生怕孩子小做不好而事事包办代替。这样做的结果就是阻碍了孩子自主性的发展，使他们怀疑自己的能力，从而产生胆怯心理。

作为父母，该放手时就放手，让孩子适当做一些力所能及的小事，如自己穿衣、洗手洗脸、整理玩具、图书等。这不仅会让孩子变得独立，还会让孩子变得更加有自信，从而克服胆怯害羞心理。当然，孩子害羞并非无法更改，家长们可以试试以下几种方法：

1．及时给予孩子适当的引导

当孩子有害羞、怕生情结时，父母应及时给予孩子引导，使孩子克服害羞心理，但在引导的过程中，避免强制要求孩子，比如，不管孩子是否愿意，硬拉着孩子和陌生小朋友一起玩。这种强制的方式会让孩子产生抵触情绪，从而不利于人际交往。反之，父母若未能及时给予引导，孩子可能会因为这次经验，而误以为逃避便能解决问题。

2．先做好心理准备免除恐惧

如果孩子害怕面对陌生环境，不喜欢和陌生人交往，父母不妨在客人上门前先为孩子做好心理准备，将有多少客人、都是些什么人、孩子应有的礼节等提前告诉孩子，使孩子提前做好准备工作。当然，父母也可以先和孩子进行模拟演练，降低孩子对陌生环境和陌生人的恐惧、怕生的心理。

3．通过游戏了解孩子并建立自信心

父母可以利用孩子平时喜爱的布偶，和孩子一起玩角色扮演的游戏。通过一些已经发生或还未发生的小故事玩一场布偶剧，既可以增加孩子的人际交往经验，也可以让父母从游戏中了解到孩子的心理，帮助孩子建立自信心。

4．通过童话故事书启发孩子

当孩子喜欢听故事时，父母可以抓住这个契机，通过故事书内容打开孩子的心扉。比如害羞的鸭子和自卑的天鹅，如何勇敢地踏出第一步，结果变成美丽又受欢迎的成员。将这种有趣的故事讲给孩子后，并让孩子理解其中的寓意，从而鼓励孩子克服自卑，建立自信心，勇敢地

和他人交往。

带孩子走出偏执狭隘的迷宫

生活中有这样一类孩子：性格偏执，遇事喜欢钻牛角尖，孤僻多疑、不善交际、执着刻板，思想行为固执、心胸狭隘、喜欢斤斤计较，不信任别人，不能正确、客观地分析事物。心理学家将具有这些性格特点的孩子称之为偏执型人格障碍的人。

性格偏执在心理学上被视为有缺陷的性格。这种性格的孩子，遇事敏感多疑，处事方式极端，因为他们头脑里的非理性观念很多，这是偏执心理的人的一大特色。

39 岁的张女士有一个 10 岁的女儿丽丽，自从二胎政策放开后，在事业单位工作的张女士就和丈夫商量，也想要个二胎，过了没多久，张女士如愿怀孕了，夫妇二人非常开心。

怀孕初期，张女士没有将这喜讯告诉女儿丽丽，她本想给女儿一个惊喜。可是，当丽丽意外得知妈妈怀孕后，她的表现却超出了妈妈的预想，她不仅没有为妈妈感到高兴，相反却勃然大怒，她说她不喜欢弟弟妹妹，觉得有她一个足够了。丽丽的态度令张女士非常伤心，丽丽爸爸安慰张女士说，可能女儿一时还接受不了，过两天就好了。

事实上，事情并没有好转。当张女士和丈夫一起去医院做产检时，丽丽在医院大声对妈妈发脾气说："谁让你要弟弟妹妹，我不同意你生，你就得把她打掉。"

爸爸听完丽丽的话，气得直接给了她一巴掌，并气愤地说："她是你妈妈，是生你养你的人，我们想要弟弟妹妹是我们自己的事，不需要你来管。即使有了弟弟妹妹，你仍然是我们的女儿，我们还是像以前那样爱你。"

但是丽丽并不相信父母的解释，她觉得如果有了弟弟妹妹，爸爸妈妈就不会像现在这么爱她了。因此，她坚决反对妈妈生二胎，为了逼妈妈流产，她选择了离家出走。后来，张女士在找到丽丽后，已怀孕 6 个月的她痛苦地选择了引产。

自从二胎政策放开后，像丽丽这种逼母亲流产的新闻屡见不鲜。丽丽就是一个性格偏执的女孩子，尽管爸爸妈妈一如既往地爱她，可她却偏执地认为，未出生的弟弟妹妹会分走她的爱，因此，她极端自私地逼妈妈去流产。

很多父母对于孩子的偏执性格非常焦虑，因为这种性格对于孩子的成长是极为不利的。心理学研究发现，性格和情绪上的偏激是一种心理疾病，其形成的原因主要是受遗传和环境因素的双重影响，但更主要的是环境因素。

童年时期的生活环境对孩子的性格形成有很大的影响。若孩子在溺爱的环境中生活，就会养成任性妄为的性格，若孩子在过于严格的环境中生活，孩子就会无所适从，久而久之就会形成偏执型性格。

此外，不科学的教养方式也会对孩子的性格、心理产生影响。比如，父母不管孩子的接受能力、智力水平的高低，一味地对孩子提出过高的要求，而当孩子达不到预期的期望时，父母就会暴跳如雷，试图通过批评、责骂的方式让孩子接受惩罚。而这种棍棒式的教育方式使孩子变得更加叛逆，他们敌视他人，固执地认为所有的人对自己都不好，别人都存心不良，并且在"破罐子破摔"的思想影响下，就必然形成偏执心理。

据心理学理论分析，日常的行为中具有以下状态中其中 3 项的人，就很可能患有偏执型人格障碍：

（1）对于和自己想法不同的客观证据，往往存在排斥心理，很难以阐述道理或说明事实来改变想法；

（2）常对他人产生敌意，将他人无意的、非恶意的甚至友好的行为，误解为故意或挑衅行为；

（3）常以"阴谋论"看待周围的事物；

（4）常常喜欢与他人争执，固执地追求个人的利益；

（5）认为自己一切都是对的，并将失败归咎于他人；

（6）不能宽容他人的错误，并常常嫉妒他人的优点与长处；

（7）怀疑他人别有用心，因此过分警惕与防卫。

毋庸置疑，偏执的性格不利于孩子的成长。那么，父母该如何改变孩子偏执的性格呢？

1. 发现并赏识孩子的优点

生活中，父母要善于发现孩子的优点，并及时对孩子的优点进行表扬。哪怕是一些微不足道的优点，都要及时充分地给予肯定。真诚地肯定、表扬孩子的优点，不仅能让孩子充满自信，还可以化解其对别人的敌意。

每个孩子都有优点，哪怕是性格偏执的孩子也不例外，父母要发现他们的优点，并对这些优点多加激励、肯定和表扬，使孩子的优点不断增多。

2. 鼓励孩子多与他人交流思想

性格偏执的人喜欢用消极负面的心理去评判他人的行为，这是因为他们对他人和事物认识不全面、不正确所导致的，如果再与他人缺乏有效的沟通，就会使他们的猜疑心进一步膨胀。因此，父母要鼓励孩子多与朋友、同学沟通交流，通过交流了解他人的心理状态，了解他人的喜悦和苦恼。这样，就会拉近彼此的心理距离，减少矛盾与隔阂。

3. 创造机会，培养孩子的爱心

性格偏执的孩子心胸狭窄，自以为是，他们常常对现实不满，经常被一种痛苦的情绪支配，觉得他人一无是处。当发现孩子具有这些性格特点时，父母不妨动员他们主动帮助有困难的同学和朋友，让他们体会助人为乐的幸福感，从而培养孩子对他人的爱心。有爱心的孩子就不会无端地怀疑别人，更不会用偏激的想法来左右自己。

4. 引导孩子学会以事实为根据

偏执的孩子有主观片面、固执己见的思维特点。因此，父母要引导孩子以事实为根据来评判他人，并且当偏执型孩子不能管理自己的情绪，出现暴躁、冲动的情绪时，父母应先冷静下来，采取"冷处理"的方法，尽量让孩子恢复平静。等孩子情绪稳定后，再心平气和地和孩子进行沟通交流，和孩子一起进行实事求是的分析，让孩子在事实中找到答案，消除怀疑。

5. 尊重但不迁就孩子

在日常生活中，父母应该尊重孩子的决定和想法，但决不能无原则迁就孩子。因为如果父母不尊重孩子，不管孩子的要求是否合理都予以拒绝，这就会使孩子正当合理的需求得不到满足，从而使孩子滋生出不满情绪，产生对抗心理，形成不服管教、叛逆的性格；或是有需求、有想法时不敢向父母表达，一味地顺从大人，行为畏缩，胆小怕事，久而久之，孩子就养成了无主见的性格。

相反，如果父母一味地迁就孩子，对孩子的不合理要求也给予满足，就会让孩子养成任性、自私、蛮横的性格。因此，尊重孩子但又不随意迁就孩子，才有利于孩子心理的健康发展。

如何让孩子改掉"贼"性

作为父母，常有这样的体会：养孩子不容易，教育孩子更不容易。在孩子成长的过程中，每位父母都希望孩子有最美好的品德、最正确的三观，生怕孩子走了弯路，养成了不良的行为习惯。可是，有时候难免事与愿违，孩子一不小心沾染上了不良恶习——偷东西。

面对孩子的偷盗行为，很多父母想不通，认为自己家中并非缺吃少穿，孩子拥有好吃的，好玩的一样不少，为何会去偷别人的东西呢？为此，有的父母感到惶惑，不知所措；有的父母迷惑不解，认为孩子是受到了外界不良的影响；有的父母则暴跳如雷，将孩子痛打一顿，试图通过严厉的惩罚让孩子知错改错。可是，不正确的教育方式往往会适得其反。

李先生是个商人，家境富裕。他的儿子小涛从不缺零花钱，但让李先生意外的是，10岁的小涛因为偷东西被抓，警察经过讯问，得知了事情的起因：

有一次，小涛去好友小伟家做客，发现小伟家有一架很逼真的玩具望远镜。小涛很喜欢这款玩具，于是想向小伟借来玩几天，可是遭到了小伟的拒绝。这让小涛很生气，他灵机一动，就想故意偷走这架望远镜，好让小伟着着急。

果然，小伟在发现望远镜丢了以后，急得像热锅上的蚂蚁，小涛看着小伟着急的样子得意扬扬，心里产生一种莫名的快感。自此，小涛就产生了一种很奇怪的心理，他觉得偷别人的东西能给自己带来刺激与快感，于是，他就隔三岔五地偷同学的文具和玩具，并且上了瘾。

有一次，他在逛商场时，因控制不住自己，从货架上偷拿了一些自己喜欢的小玩具，结果被超市的工作人员发现并报警。对于儿子的偷窃行为，李先生很气愤，把儿子领回家后，狠狠地体罚了小涛一顿，并让他写了保证书。不过效果似乎并不好，几个月之后，小涛再次发生了偷窃行为。

像小涛这样的孩子并不多，但却很有代表性。实际上，孩子的偷盗行为往往是有原因可循的。比如，有的孩子因为觉得自己不被父母重视或者得不到父母的认可，于是就想通过偷盗行为引起父母的关注。这种孩子偷东西不是为了满足物质欲望，而是满足心理欲望，是心理上出现了问题。

有的父母对孩子采取放养式，不去约束孩子的不良行为，让孩子有贪小便宜的心理。父母管教过松，孩子在第一次偷窃成功之后，就会胆子越来越大，久而久之就养成了偷窃的恶习。

不管出于何种原因而偷东西，父母都应该及时采取措施制止这种行为。在处理这个问题时，以下方法可供父母参考：

1. 不给孩子贴"小偷"的标签

当发现孩子偷拿别人东西时，父母一定要注意自己的言辞，千万不要给孩子贴上"小偷"的标签，因为孩子的性格比较顽皮，看见别人有新奇的东西时，就会好奇地拿过来让自己也玩下，而父母若给他们冠上偷的罪名，他们就会觉得父母对自己不好。

所以这个时候，父母应该温和地对孩子说："你看见某某的玩具吗？如果看见了记得帮他找到呀，不然他一定会很着急的。就像你找不到喜欢的玩具一样，你也会着急的，是吗？"父母用温和的态度询问孩子，更容易使孩子接受。若是以强硬的态度去询问孩子，这样他们不仅不会承认，反而下回还会去做这样的事情。

2. 细心观察孩子的思想动向

日常生活中，父母一定要细心观察孩子的反常行为，比如，孩子的零花钱突然增多，书包里有新的贵重的物品等，当这些现象出现时，父母一定要引起重视。父母要仔细排查可能出现的情况，但方法要适当，千万不能伤害孩子的自尊心。即使发现孩子有偷盗行为，也不能冲动地训斥与打骂。要以孩子能够接受的方式去引导他们知错改错。

3. 让孩子意识到自己的错误

孩子犯错后，父母不仅要让孩子意识到自己的错误，还要让他敢于承认错误。不过，有时候孩子可能缺乏承认错误的勇气，这时，父母要陪伴孩子一起到同学家里，教育孩子说："对不起，我不应该偷偷拿走你的东西，害你着急！我知道错了，你能原谅我吗？"

孩子犯了错，父母一定要记住让孩子亲自去承认错误，赔礼道歉，而不能由父母代替。父母要让孩子懂得，每个人都应该为自己的错误行为负责。孩子只有懂得承担责任，他们才会知错改错。

4. 帮助孩子树立物权意识

帮助孩子树立物权意识能有效预防孩子的偷窃行为。平时，父母可以将孩子的东西与大人的东西分开放，并告诉孩子要保管好自己的东西，让他们感受到自己是这些物品的小主人。

同时，也要教孩子学会区分"你""我""他"的概念。比如，这些东西是爸爸的，那些东西是妈妈的，这个物品是爷爷的……并且要让孩子明白，不是自己的东西不能随便拿，要经过对方的同意才行。

如何让孩子远离借口

每个父母都希望自己的孩子拥有诚实守信、勇于承担责任的优良品质，但是随着孩子认知能力和语言能力的提高，到了七八岁的时候就进入了叛逆期。在这个时期，一些孩子做错事后由于害怕受到父母的惩罚，于是就会找各种借口来掩盖自己的错误，推脱自己的责任。

爱找借口是一种不良的行为习惯，不利于孩子的成长。美国教育学家布卢姆说："借口是不想担负责任的托词，是不信守承诺的反映，是畏惧困难、不求上进的表现，它直接阻碍着一个人将来的成功。"因此，对一个"爱找借口"的孩子，父母要予以重视，并加以引导。

唐涛今年读初二，很聪明，也很努力，成绩一直名列前茅。但是，他有一个很不好的习惯——经常为自己的过错寻找借口。一天唐涛上课迟到了，老师问他迟到的原因，他找借口说："今天早上爸爸起床晚了，他来不及送我，我自己坐公交车来学校，耽误了时间，我才会迟到的。"

又有一次，唐涛放学以后跟同学去踢足球，玩得晚了来不及写家庭作业，第二天早上交作业的时候，他对老师说："作业我已经做完了，只是早上走得急，忘带了。明天我一定会带回来交给你的。"诸如此类的事情还有很多。

某次期中考试，因为发挥失常，唐涛的英语成绩很不理想，妈妈追问他说："英语不是你的强项吗，怎么考成这个样子？"唐涛随口又找了一个借口说："英语老师是这学期新调来的，发音很不标准，所以在考听力时有些句子我都听不懂。"

妈妈知道唐涛遇事爱找借口的坏习惯，于是对他说："聪明的孩子从不会为自己的过错找借口，他们勇于承认错误并改正错误。其实，一次没考好没有关系，关键是要积极总结经验教训，争取下次考个好成绩就行了。"此外，妈妈还列举了好多例子说明找借口给人带处的不良影响。

妈妈的话让唐涛受益匪浅，他意识到自己的错误，并向妈妈保证一定会改掉这个坏习惯，做一个勇敢的小男子汉。

生活中像唐涛这样爱找借口的孩子很多。如果父母不对其进行引导，任由他为自己的过错找借口，就会让孩子养成一种坏习惯：把所有失误和过错都推托于借口中，久而久之，孩子就会养成知难而退、不思进取、骄横自大的性格。

作为父母，一定要纠正孩子爱找借口的不良习惯，培养孩子的责任感和勇于承担的性格。那么，父母该如何帮孩子改掉爱找借口的坏习惯呢？

1. 培养孩子的责任意识

父母要让孩子明白如果事情的结果是由自己造成的，自己就要承担责任，不能用借口来推卸责任。比如，孩子找借口说英语没考好，是因为老师发音不标准的原因造成的，那么父母不妨问问孩子："其他同学为什么都能听懂？"

总之，父母应从生活的点滴中，教育孩子要做一个有担当的人，不要为自己的过错或失败找借口。并培养孩子的责任意识，当孩子心中有责任感时，他们就能坦然面对自己的错误或失败了。当然，在培养孩子的责任意识时，有一个重要的前提是，要允许孩子犯错误，并给孩子改正错误的机会。

2. 告诉孩子："不为失败找借口，要为成功找方法"

当孩子试图为自己的失败和错误找借口时，父母应该告诉孩子：不为失败找借口，要为成功找方法。虽然那些看似恰当的借口可以使自己更舒服一些，其实是在掩饰过错或者不敢正视自己的失败。

父母要将这个道理传达给孩子，失败并不可怕，重要的是寻找失败的原因，并总结经验教训，找到获取成功的方法。

3. 引导孩子形成是非观念

拒绝孩子找借口，就要引导孩子形成是非观念。父母可先让孩子学会评价和批评别人，例如，在陪孩子玩游戏时，父母可以故意犯点错，并让孩子来纠错。针对日常生活中发生的小事，也让孩子学会评价，例如，出门忘记带钱包，是不是个错误？怎样吸取教训？上课没有遵守纪律，被老师批评了，是不是错误？应该怎么办？父母通过引导，要让孩子明白，每个人都有犯错的可能，关键是犯错后要勇于承担犯错的后果。

4. 多进行 "行为训练"

在教育孩子时，过多的唠叨和斥责并不能达到理想的效果。父母应该让孩子明白，做事情不是看口头说得多好听，关键看行动。同样，父母在教育孩子时也应该将重点放在训练孩子的良好行为习惯上。

针对孩子的不良行为习惯，父母可以帮助孩子制订一个简单的计划，分阶段帮他们纠正坏习惯。通过这样的方式，帮孩子克服常出现的错误和毛病。错误并不可怕，关键是要有知错就改的态度。

帮助孩子克服自私心理

在独生子女时代，父母的爱全部集中在孩子身上，事事以孩子为中心，让孩子不知不觉地成了家庭的"小皇帝""小霸王"。久而久之，孩子便养成了自私自利的性格。

自私自利的孩子一切以自己的利益为重，毫不顾及他人的感受；在金钱和财物上非常小气，他们不愿意和他人分享自己的东西，却希望别人能把东西拿出来和他分享；在亲人面前非常任性，想做什么就做什么，不理会父母的管教。

然而，孩子不是天生就拥有自私自利或慷慨大方的性格，孩子性格的形成与家庭教育有着密不可分的关系，也是后天环境影响的结果。比如，有的父母无条件满足孩子的任何要求，即使要求不合理，也不会拒绝。父母事事以孩子的要求为先，让孩子滋生出"唯我独尊""以我为中心"的优越感，导致孩子的自我意识增强，久而久之，孩子就养成了自私的性格。

紫涵是父母的掌上明珠，在她读四年级时，换了新班主任。开学还没一个月，她就向爸妈诉苦说同学欺负她，要求父母帮她转校。紫涵妈妈听到女儿的哭诉非常心痛，便找到班主任询问原因。

原来，自新学期开始后，为了公平地让每个同学都能坐上比较好的位置，班上每两周就会轮换一次座位。紫涵之前在前排中间，这次应该换到边上了，可她就是不愿意换座位。经过多次劝说无效后，老师找到了一个愿意把自己座位让给紫涵的同学，可是他边上的同学却拒绝和紫涵做同桌。无奈之下，老师只好安排紫涵单独坐在讲桌旁。这样一来，每次小组讨论问题时，紫涵就无搭档了，这让她很委屈，觉得老师和同学都不喜欢她，因此产生了转学的想法。

妈妈问紫涵为什么不愿意换座位，紫涵委屈地说："一直就坐中间的啊，凭什么要我换？"其实，紫涵忽略了一个问题，那些一直坐在边上的人，也想坐在中间，通过轮换座位，对每个同学来说都是公平的。

其实，紫涵这种自私自利的性格是在家庭成长中逐渐形成的。她的爸爸妈妈爷爷奶奶把她当成公主一样宠着，处处依着她。比如，紫涵喜欢某件玩具，即使再贵，爸爸妈妈也会买给她；紫涵喜欢吃的东西，爷爷奶奶会全部先给紫涵吃，余下的他们才吃；紫涵想去哪里玩，爷爷奶奶再忙再累也要带她去；紫涵生气哭了，爸爸妈妈会立刻买她喜欢的东西来博取她的笑容；紫涵想看动画片的时候别人就不能动遥控器……在这个家里，简直就是"唯紫涵独尊"。

紫涵上学后，在学校一和别人有冲突，她妈妈就找别人家长理论，不论谁是谁非都要对方给紫涵道歉。次数多了，紫涵就觉得自己怎样都是对的，就更不会站在别人的立场上考虑问题了。在班上简直就是一个"小霸王"。

现实生活中，有很多家长就像紫涵父母一样，她们爱子心切，把孩子保护在自己的羽翼之下，绝不让孩子吃一点点亏。其实这会让孩子在成长的过程中吃大亏。比如，紫涵觉得自己换到其他位置就是吃亏了，事实上，她的这种自私的性格让她在班里受到同学的冷落，无人和她交朋友，这对于她来说才是真正的吃亏。

孩子是父母的掌上明珠，爸爸妈妈恨不得把所有的爱都给他，但方式方法不正确，反而导致孩子性格变得自私。而且自私的性格一旦形成，孩子就会觉得一切都是理所应当的，不会意识到自己的做法有什么错误。因此，父母在对孩子付出无私爱的同时，要防止他们滋生自私心理。当孩子出现自私心理时，家长应及时采取措施。

1. 让孩子懂得分享

父母常常把孩子捧在手心，事事以孩子为先，好吃的东西，只给孩子一人吃，父母自己舍不得穿，也让孩子穿得漂漂亮亮。父母爱子心切本无可非议，但过分溺爱，就会助长孩子自私自利的坏习惯。

为了防止孩子自私自利，父母从小就应该有意识地去培养孩子的分享意识。比如，吃东西的时候，不可以让孩子独占，父母也要和孩子一起吃。即使是孩子非常喜欢的食物，父母也要和孩子一起分享。当孩子独享美食时，父母应该告诉孩子："宝贝，妈妈好伤心呀，你吃东西都不和妈妈分享。妈妈每次吃东西，都会给你留。"让孩子学会和父母分享东西，久而久之，孩子就建立起了分享意识。

2. 不盲目迁就孩子

对于孩子的要求父母需要进行筛选，合理的就支持，不合理的就拒绝。并向孩子说明拒绝的原因，指出他们的不足之处并提出批评。刚开始，当父母拒绝孩子的要求后，孩子可能会通过哭闹的方式进行反抗，试图让父母妥协。此时，父母一定要坚持自己的原则，告诉孩子，对于不合理的要求即使哭闹也不会让父母改变决定。当孩子知道哭闹不管用时，下次就会遵守父母的规则。

3. 增加孩子有关物品的知识

如果孩子喜欢一味地霸占着自己的东西，拒绝分享，父母需要做的就是让孩子明白自己的东西即使送给了其他的小朋友，也不会变样，比如自己喜欢的玩具，别的小朋友玩一会，它还是原来的玩具，并不会缺少什么。同时，还要让孩子明白分享的意义，小朋友之间互相分享，自己就可以有更多的玩具玩。

4. 教会孩子试用交换法

当孩子看到小伙伴的玩具非常想玩时，父母需要引导孩子和小伙伴商量，能否用自己的玩具和他们交换，这样既可以分享玩具，又能够在玩乐中理解分享互换的重要性，有利于帮助孩子逐渐改善占有的心理。

总之，孩子养成自私自利的性格是由多方面原因造成的，家长想要教育孩子就要从自身开始，注意言行举止和行为教育，亲身向孩子示范什么是分享、什么是平等、什么是为他人考虑。只有当孩子懂得了这些道理后，才会改变自私自利的性格缺陷。

谁为"小皇帝""小公主"的任性买单

生活中不难发现，有些孩子性格温和，父母的劝告他都听得进去，也乐意按照父母说的去做。相比之下，有些孩子不顾客观环境和条件，自己想什么就说什么，想做什么就做什么，完全不听从父母的劝告和阻拦，由着自己的性子来，这种孩子的性格比较任性。

任性的孩子通常用以下几种行为来达到目的：

（1）哭闹。为了达到目的，哭闹是孩子最常用的手段。而很多父母往往在孩子的哭闹中缴械投降了，他们不但无条件地满足孩子的要求，而且常常进行额外补偿，试图让孩子停止哭闹。

（2）哀告。当孩子向父母进行乞求时，很多父母会被孩子那可怜的模样给打败，几乎没有几个父母抵挡得住孩子的温柔进攻。

（3）死缠烂打。有些孩子惯用"死缠烂打"的方式对待父母，他的目的是要用"磨"来让父母答应他的要求，而且不达目的誓不罢休！倘若父母被孩子的"持久战"打败，那么孩子以后就会经常用此方法来让父母妥协。

（4）赌气噘嘴、不说话、摔东西、不吃饭。有些孩子因为已掌握了心理战的秘诀，因此，他们在和父母赌气时，往往会采取拖延战术，没耐心的父母只好举手投降。

孩子之所以任性妄为，这与父母的教育方式息息相关。很多父母或长辈，每当家中的"小公主""小皇帝"刚一哭闹耍性子，他们就开始心痛了。为了让孩子开心，马上无条件满足他们的所有要求。孩子在初次尝到甜头后，就会无休止地恶性发展下去，久而久之，孩子就养成了任性的不良性格。因此，要克服孩子的任性，父母就要采用正确的教育方式。

1. 不轻易妥协

对于孩子的"任性"行为，父母要坚持原则和底线，不合理的要求绝不妥协。倘若父母轻易就对孩子做出让步，不管孩子要求是否合理都予以满足，家长毫无原则地迁就孩子，会让孩子为所欲为、自私自利、任性蛮横。

当然，当孩子"任性"时，父母也不能全部予以否认。因为长期得不到满足的孩子，就会产生不满心理与对抗情绪，不利于孩子的身心健康。因此，聪明的父母是既尊重孩子又不毫无原则迁就他，孩子的心理才会健康发展。

2. 和不任性的孩子做朋友

对于孩子来说，朋友之间的影响力是巨大的，孩子交友也是值得父母注意的事情。倘若孩子能交到通情达理、不任性的朋友，并跟这类朋友经常在一起学习、玩耍、讨论问题，久而久之，孩子也会受到感染，改正任性的坏习惯。

平时，父母不妨带孩子去品行良好的朋友家玩，让他感受朋友是如何听从父母教导的。也可以让朋友帮忙监督孩子克服任性的毛病。有时候，孩子不愿意听从父母的教诲，觉得父母唠叨啰唆，可却愿意听从朋友的意见。因此，父母不妨让孩子的朋友帮助孩子克服一些缺点。

3. 多参加群体生活

多参加群体生活有利于孩子改掉任性的坏习惯。在群体生活中，当发生意见分歧时，就会实行少数服从多数的原则。父母应鼓励孩子多参加群体性活动，节假日安排出时间和小伙伴一起玩耍。并提醒孩子应该遵守的游戏规则，如果自己的意见被否定了，要服从多数，不固执，不闹情绪。

此外，也要让孩子积极参加学校组织的集体活动，父母可以与老师进行协商，给孩子安排点负责任的工作。总之，通过经常参加群体活动，孩子就会明白在群体生活中应该遵守规则，不能任性。

4. 减少对孩子的强迫，不做任性的大人

孩子的任性，有时是由大人的强迫导致的。有的家长采取专制的教育方式，要求孩子听从父母的一切意见，完全按照父母的意愿行事，而不考虑孩子的感受。迫于家长的权威，孩子有时候勉强接受了，有时实在不愿意接受，或者当面反抗，或者用沉默来消极对抗，这时父母就会给孩子贴上"任性"的标签。

例如，一位妈妈，要孩子跟她一起参与一个活动，孩子不愿意去，她就百般说服，又保证不会花太长时间，孩子最后只得勉强同意。但到

了现场，孩子发现这类活动太无聊了，他和一群大人没有共同语言，这样的氛围让他很不舒服。刚开始，孩子还能忍，后来活动又超时了，孩子很不耐烦，对妈妈大叫大嚷，搞得大人们非常尴尬，那位妈妈自己也很难堪。

其实退一步想，如果妈妈遵从孩子的意愿，不强迫孩子加入活动中，这种尴尬状况根本不会发生。

5. 划定边界，宽严适度

所谓任性，是相对于原则、约束、底线、边界而言的。有的父母对孩子管教的比较严格，设定的规矩较多，当孩子稍稍试图突破，就会被父母贴上"任性"的标签。其实，最初孩子并不是真的任性，只是想摆脱父母过多的管控而已。但孩子若是一直生活在父母的严格管制下，这种反抗大人的姿态，可能会一直保持下来，成为真正的任性。

相反，有的家庭刚开始对孩子管教比较松散，当孩子的一些不良行为习惯表现出来后，马上就开始制定各种规则来约束孩子，这时任性问题就不可避免地出现了。因此，要想孩子不任性，父母需要从小为孩子的言行划定适度的边界，既不过严，也不过宽。

第七章

合理疏导：引导孩子融入群体，
在人际交往中完善性格

在孩子成长的过程中，难免要和同学、老师、朋友、父母长辈等进行人际交往。良好的人际交往能力有利于塑造和培养性格开朗、乐观、有同情心、宽容的孩子。相反，性格胆怯、自私、任性的孩子在人际交往中则往往会受到忽视或排斥。很多孩子陷入交往困境都与其性格或行为习惯有关。因此，父母应引导孩子主动融入群体，在人际交往中完善孩子的性格。

帮助孩子解决人际交往的困扰

随着孩子的成长，尤其是进入校园生活后，如何融入校园环境中，与伙伴友好相处，考验着孩子的人际交往能力。通常来讲，人际交往能力强的孩子能很快适应新的环境，相反，交往能力弱的孩子常常会遇到一些人际困扰，虽然他们内心很想赢得友谊，很希望别人喜欢自己，但是却不知如何去结交朋友，赢得友谊。

人际关系的好坏严重影响孩子的自信心，对孩子的性格形成产生一系列的影响。心理学研究表明，孩子在3岁之后就开始有与同龄伙伴交往的意愿。随着他们的成长，生活范围的扩大，他们的交往需求也扩大。此时，他们迫切地想走出父母、亲人之间的交际圈，对朋友和集体有了更多需求。而当这种需求得不到满足时，孩子就会产生困扰甚至造成心理问题。

是什么原因让孩子陷入交际困境？主要体现在以下几个方面：

（1）缺乏游戏伙伴。在独生子女时代，很多孩子从小缺少玩伴，大多与玩具、电子产品为伴，因此他们从小就缺少与兄弟姐妹共同生活的经验和与同龄伙伴的交往环境，从而感受不到与同龄孩子相处的乐趣。而且由于平时大多数与父母、长辈相处，缺乏与同龄人相处的经验，当他们进入陌生环境时就很难适应，因而造成交往障碍。

（2）以自我为中心。有的父母对孩子比较溺爱或过分关心，事事迁就孩子，任何事都替孩子想好、做好，在这种生活环境下，孩子养成了以自我为中心的习惯。而在与同伴交往中，他们就会表现出霸道、自私、任性等行为，不懂得谦让、分享，这种性格缺陷使孩子在人际交往中受到阻碍。

（3）缺少交流时间。为了不让孩子输在起跑线上，孩子的日程表被各种特长兴趣班占满，写作业、学才艺、上培优班……属于孩子自由活动的时间很少。即便孩子有空余时间，父母又考虑到安全因素，不放心孩子独自外出参加集体活动。并且，有的孩子喜欢在空余时间看电视、打游戏，使得孩子与同龄人交往的机会很少，缺乏与他人相处的经历，很难积累与人交往的经验，从而影响交往能力的提高。

（4）父母的影响。孩子的人际交往能力还会受到遗传因素的影响，如果父母性格内向，不喜欢交际，或者在与人交往时表现出自私、抱怨、蛮横等性格特征，这也会对孩子造成影响。由于孩子年龄小，缺乏是非观念和判断能力，在与人交往时会不加分辨地模仿家长的行为方式。

怎样让孩子真正学会一些人际交往技巧，从而变得受欢迎呢？

1. 营造良好的家庭氛围

若想让孩子从小就乐于人际交往，亲子之间的互动很关键。父母是孩子最亲密的人，若父母从小就为孩子营造一种关爱、温暖、平等的家庭氛围，经常陪伴孩子，空闲时与孩子一块游戏、娱乐，就会给孩子一种安全感和愉悦感，这会让孩子更加愿意与人交往。并且这种家庭氛围也有利于孩子学会理解、关爱、互助等，会让孩子在人际交往中更快获得同伴的喜爱，顺利融入集体中去。

2. 培养良好的个性品质

研究发现，具有良好性格特征的孩子，在人际交往中会更加顺利、更受大家的欢迎；反之，具有性格缺陷的孩子在人际交往中则往往会受到忽视或排斥。因此，很多具有人际交往障碍的孩子都与其性格或行为习惯有关，父母要多关注孩子的行为习惯，若发现不良行为要及时纠正。

例如性格胆小、内向的孩子，父母平时就要多关心孩子的心理变化，注重他们的内心感受，并多给孩子创造与人交往的机会，给他们充分的交往时间和空间。此外，父母在对孩子进行评价时，一定要积极正面，并对交往中遇到的问题进行适当引导，增强孩子的自信心，鼓励他主动与人交往。

3. 引导孩子进行思考

父母可以利用一些机会和孩子一起交流，引导孩子进行思考。比如，父母可以利用陪孩子看电视或看电影的机会，跟孩子探讨男女主角之所以受欢迎和不受欢迎的原因，并让孩子想想自己的哪些行为是受人欢迎的，哪些行为是不受欢迎的，而不受欢迎的行为就要改正。

同时，父母也可以在给孩子讲完故事后，问问孩子："你觉得这个主人公为什么会有这个想法呢？""如果是你遇到了这种情况，你会怎么办？""你比较喜欢故事中的哪个人物？为什么喜欢他呢？"

当孩子具有了一定的阅读能力和理解能力后，父母可以引导孩子谈谈书或故事中的那些和他们的性格最相近的角色，然后可以和他们分享一下处世的方法，让孩子学习人际交往的技巧。

4. 指导孩子掌握交际策略

人际交往是有技巧可遵循的，父母可以向孩子传授一些交际策略。

（1）基本的礼仪规范。可以从最基础的见面问好、互相问候做起。比如离家时要说"再见"，回家时要说："爸爸妈妈我回来啦。"遇见长辈要有礼貌地问候"叔叔好，阿姨好……"，节日里对亲朋好友进行祝福等。只有让孩子在这些日常生活中，做到举止得体、态度友善，别人才愿意与他交往。

（2）语言表达能力。一些孩子因为表达能力有障碍，不能清晰地表达自己的意思，使得他人无法理解他的想法，从而影响了其正常的人际交往，可见语言表达能力的重要性。

为了提高孩子的语言表达能力，父母可以利用身边发生的事情、新闻事件等，和孩子展开讨论，鼓励孩子发表自己的看法，或对不同观点进行辩论。同时还要引导孩子在对不同观点进行辩论时，要讲文明礼貌，不能用攻击性的语言或行为来让对方认同自己，如果对方的想法是对的，就要虚心接受。

（3）处理问题的技巧。孩子之间相处时难免会发生矛盾，如何去解决这些矛盾是孩子必须要学习的，让孩子自己解决问题则是对其交往能力的一种锻炼。父母可以通过故事及生活中的实例，将处理问题的方法及技巧教给孩子，或者针对某件具体的事情，让孩子预想一下自己遇到这个问题会如何处理，从而提高孩子解决问题的能力。

引导孩子主动融入群体

在孩子成长的过程中，难免要和同学、老师、朋友、父母长辈等进行人际交往。有的时候，我们会发现有些孩子在小群体中能很快地适应，与伙伴们能够友好相处，而有些孩子却因为性格原因很难融入群体，成为人际交往困难户。

不管是日后在学校学习还是在社会上生存，都离不开集体生活。集体生活有利于塑造和培养孩子的性格，著名教育家马卡连柯曾说："只有当一个人长时间地参加了有合理组织的、有规律的、坚忍不拔的和自豪感的那种集体生活的时候，性格才能培养起来。"通过参加集体活动，不仅可以培养孩子诚实守信、助人为乐、团结协作的精神，也会使孩子拥有自信心、荣誉感、责任感、关心集体等优良品格。

并且，多参加集体活动有利于提高孩子的人际交往能力，如果孩子从小就没有办法融入集体，过集体生活，这对孩子的成长是极为不利的。

小路的爸爸妈妈经常忙于工作，平时由爷爷奶奶照顾他的生活起居，小路在家不是看电视，就是自己玩玩具，很少有出去玩的时候，更不要说和其他小朋友接触了。上幼儿园后，小路不想去，他害怕老师和其他小朋友，每次进教室，他就会大声地哭喊着对爷爷说："我不进去，不想进去……我不愿意在幼儿园待着……不想和他们玩……"

好不容易被老师哄进教室，小路却独自坐在教室的角落里，不和其他小朋友玩。课外活动时，同学们三五成群，玩得不亦乐乎，小路自己坐在角落里在地上画圈玩，有别的同学想和他一起玩，他总是不耐烦地拒绝，渐渐地同学们没人愿意理他了。

老师看见了孤独的小路，想带他一起和同学们玩，谁知小路却大哭起来："我要回家……"这让老师也很没办法。

小路由于从小缺少玩伴，独自玩耍，适应了独自生活的他，一直活在封闭的世界里，自己玩耍、自己思考问题，一旦走出自我封闭的环境，面对一些同龄孩子，他便不知所措了，一时很难适应集体生活，渐渐地被同学排斥，成为一个孤独的孩子。

一般来讲，不能融入集体生活对孩子有以下几个方面的负面影响：

（1）容易被孤立。孩子若不愿意参加集体活动，就会失去和同龄孩子交流沟通的机会，也没有办法增加团队意识。沟通能力较弱，较难融入群体，从而会被边缘化。

（2）没办法开展社交活动。一个人要想提高沟通交流能力，就需要与人多打交道才行。如果不参加集体活动，不能融入集体，就没有办法获得更多的沟通交流机会，也就缺乏与同龄孩子交往的经验，自然就无法顺利地展开社交活动，锻炼社交能力。

（3）性格自卑孤僻。不喜欢群体生活的孩子，总是一个人独来独往，完全感受不到集体的温暖，也排斥他人的关心和照顾。长期下去就交不到朋友，又因性格不自信、内心自卑、排斥接受集体生活，久而久之，性格就会变得十分孤僻。

（4）以自我为中心。要想融入集体就必须遵守集体生活规则，接受群体中其他人的想法，这样容易让孩子学会换位思考，充分考虑其他人的能力。但如果孩子不去参加集体生活，就不会懂得换位思考的重要性，遇事就会事事只考虑自己的利益，从而变得自私自利。

孩子不能融入集体生活的坏处是显而易见的。那么，怎样才能帮助孩子快速融入集体中去呢？

1. 教会孩子换位思考

在人际交往中，孩子需要学会换位思考，这是孩子平衡自身与同伴、与集体关系的前提。孩子只有学会了换位思考，做事才不会以自我为中心，才会考虑别人的感受，从而养成遵守集体规则的好习惯。

比如，想拿其他小朋友的东西必须经过对方的同意；和小伙伴们玩游戏需要遵守游戏规则，并遵守秩序；公共场合要讲文明，不能随地扔垃圾；玩滑梯要讲究先来后到，按顺序排队等规则。当孩子明白遵守规则的重要性后，就会在人际交往中遵守规则，很好地控制自己的行为。

2. 引导孩子掌握交往技能

良好的交往技能可以让孩子快速地融入集体中，为了提高孩子的人际交往能力，父母可以和孩子一起玩打电话、当小老师、为孩子录音等游戏，这些富有趣味性的游戏不仅能吸引孩子，还可以让孩子在玩的过程中学习交往技能。

比如，打电子游戏可以让孩子描述一下自己所做的事情、周围的环境和看到的事物等。让孩子当小老师，把主动权交到孩子手中，不仅可以锻炼孩子的表达能力，还能锻炼孩子独立思考的能力，父母可以偶尔故意捣乱，让孩子思考怎样好好听讲。

此外，父母还可以将孩子的一些作品录下来，播放给孩子听，比如所讲的故事、儿歌或唱的歌曲等录下来重放，当孩子听到自己的声音时会很开心，这对于孩子来说是一种鼓励，他们从而会讲更多的故事。这些都有利于培养孩子的交往技能。

3. 鼓励孩子与同伴交往

父母要鼓励孩子多与同伴交往，尽力多创造与同龄孩子交往的机会。在人际交往中，当孩子遇到难题时，先让孩子自己想办法解决，当孩子实在解决不了时，父母再给予帮助，引导孩子解决问题。在这种不断地尝试过程中，孩子的社交能力得到了提升，孩子也会慢慢地感受到集体生活的快乐，并喜欢上集体生活。

4. 让孩子明白遵守规则的重要性

在群体生活中，当孩子不遵守规则时，父母和老师可以对孩子进行一定的惩罚。比如，在玩游戏的过程中，当孩子出现违规行为时，可以剥夺其参与游戏的权利；在班级活动中，当孩子违反纪律时，可以通过罚站或打扫教室卫生的方式来让孩子承担后果，惩罚的目的是让孩子知道参加集体活动是要遵守一定规则的。

提高孩子的沟通能力

哈佛大学做过一项实验，实验组通过跟踪观察刚上小学的小孩，发现从小沟通能力强的孩子，长大后成功的概率高出 50%，所以现在的美国家庭很重视对孩子沟通能力的培养。

沟通是人与人之间交往的桥梁，是否拥有优秀的沟通能力和良好的口才，不仅影响到孩子的性格，更影响着孩子的一生。一般来讲，沟通能力强的孩子，性格比较开朗、自信，情绪控制能力强，这使得他在与人发生冲突时，会想办法努力解决问题，并能够清晰表达自己的观点和想法，说服他人，从而赢得他人的尊重和认可。这种孩子在将来走向社会时，在人际交往中也会游刃有余。

美国著名人际关系学家卡耐基说："一个职业人士成功因素 75% 靠沟通，25% 靠天才和能力。"因此，从小着重培养孩子的沟通能力，不仅有利于孩子快速地融入陌生环境中，也是孩子获得良好人际关系的必备条件。提高孩子的沟通能力，家长可以从以下几个方面入手：

1. 培养孩子的阅读习惯

书籍是人类进步的阶梯，良好的阅读能力不仅可以提高一个人的知识储备量，更是拥有好口才的基础。所以要从小培养孩子的阅读习惯，比如：父母可以定期带孩子去书店，为孩子选择适合的书籍，建议一周一次；每天进行30分钟的亲子阅读，陪孩子一起看书；与孩子一起将书中的优秀句子与段落摘抄下来。

需要注意的是，在孩子阅读完书籍之后，父母可以就书中的内容和孩子交流一下，让孩子说出自己的感受和想法，来增强孩子思考能力、沟通能力和表达能力。也可以让孩子写写读后感，在孩子表达的过程中，一定程度上也锻炼了孩子的沟通能力。

2. 注意亲子交流

英国社会研究所最新研究发现，无意闲聊比睡前阅读能更好地促进孩子交流能力的发展。当然，亲子交流是有技巧的，不能采取质问的形式，比如："作业写完了没？没写完就赶紧去写！""今天考试怎么样？"……这种聊天通常都是以问句始，以斥责终，从而终止了孩子和父母聊天的兴趣，不愿意和父母深入地沟通，父母自然也很难了解孩子的想法。

父母要想了解孩子在学校的情况，要尽量避开"抽象""大范围"的问题。比如："你今天在学校过得如何？""你今天在学校做了什么？"这种问题，让孩子难以回答，或是只会简单回答："还好。""没做什么！"这样的聊天方式往往起不到什么作用。

在和孩子聊天时，父母不妨问一些很简单、一定有答案的问题。比如："你今天在学校上了哪些课？"当孩子说出课程名字后，父母就有机会接着问："音乐课上教了什么歌曲呀？"这样父母就可以借机和孩子继续交谈下去。

并且，父母若想要孩子诚实地说出感受，就要学会倾听，做孩子最忠实的听众，而不要"说教"。任何一种话题的聊天，若采取说教与听训的方式，就会枯燥无聊！所以，在和孩子闲聊时多询问、少评论，多说"你"，少说"我"，就很容易让话题源源不断地继续下去。

聊天时，也要适当地运用一些肢体语言，这会让孩子觉得你重视他、想要和他认真的聊天。比如，轻轻地握握孩子的手，抚摸一下孩子的头，轻拍下孩子的肩膀或背部，捏捏孩子的颈背，等等。一些适当的肢体语言，在聊天时会增加亲密感，使交流沟通能够更好地进行。

3. 注重非言语沟通能力

提高孩子的沟通能力不仅是从语言方面进行的，因为非言语传递的信息要远远大于言语，所以父母应有意识地培养孩子非言语沟通的能力。它包括距离、语气、微笑、眼神等。

（1）距离。告诉孩子在和别人交流时，要保持一个手臂左右的距离，随着年龄的增长可以根据关系的亲密程度，再保持不同的距离。但在孩子年龄尚小时，只用告诉他保持一臂距离就可以了。

（2）语气。在和他人沟通交流时，切忌大声吼叫，语气也要适宜，并且记得用"我"来开头说话。因为开头用"我"来说话，可以很大程度上避免孩子吼叫和发脾气。

（3）微笑。无论孩子性格如何，只要保持得体的微笑，都会为对方和自己带来快乐的情绪及心情。平时不妨训练孩子保持微笑的技巧：月牙嘴、嘴角上扬45°、露出八颗牙！

（4）眼神。眼睛是心灵的窗户，交流时，要记住用眼睛和对方互动。如果是陌生人，我们可以用眉毛、鼻尖为参照画一个三角形，看着这个三角形区域的任何一点。用这种方法,既可以让对方感觉到我们的关注,又可以避免因两眼直视给人带来的压迫感。

因此,平时在和孩子沟通时,父母可以从距离、语气、微笑、眼神这几个方面来训练孩子,提高孩子的沟通技巧。

4. 多带孩子接触外界

孩子的成长需要多与外界接触,这是因为孩子在与外界接触的过程中,不仅可以充分地掌握知识技能,发展思维的能力,提高沟通交流能力。还能开阔孩子的视野,充分发展自己的个性,孩子的接触活动越多,他的心理发展也会越快,性格也会变得越成熟。

培养孩子倾听的习惯

苏格拉底说:"倾听是搞好人际关系的基础。人有两只耳朵一张嘴,就是为了少说多听。"倾听是建立良好人际交往的基础,要想孩子获得友谊,与人融洽相处,必须要先学会倾听,掌握倾听的技巧。

"学会倾听"有两个要求:一是别人在讲话时,我们要用心倾听。这是最基本的礼貌,表示对说话者的尊重;二是要"会听",即在听的过程中要思考别人说的话的意思,记住别人讲话的重点与要点。

日常生活中时时处处需要倾听,倾听能力的强弱直接影响孩子知识技能的接受和掌握。但是,很多孩子往往不善于倾听,只喜欢滔滔不绝地发表自己的意见,完全不考虑他人的感受,也不愿意倾听他人的建议和忠告,从而养成固执、任性的性格。事实上,每一位父母都应该培养孩子认真倾听他人的习惯,这将有利于孩子的人际交往。

当然，"倾听"这个良好的习惯，并不是与生俱来的，而是需要在后天环境中培养。因此家长应该注意从小就培养孩子的倾听能力。

1. 引导孩子注意室内的各种声音

平时，父母可以陪孩子玩倾听的游戏。比如，进行听声音比赛，看谁听到的声音种类最多，并且分辨出声音的来源。还可以让孩子将听到的声音形象地描述出来，例如：开水冒泡泡的"沽沽"声、电话铃响的"滴嘟"声、水龙头"滴答滴答"的漏水声、"哗啦哗啦"的流水声等……父母还可以和孩子一起用绘画的形式把听到的声音描述出来。

2. 让孩子按指令行事

好动是每个孩子的天性，也是身心发展的正常反应，为此，可以用按指令行事的方法来训练孩子的倾听能力。比如，父母发出指令，让孩子做相应的动作；在日常生活中交代孩子做一些力所能及的事情，让孩子按照父母的要求完成，以锻炼孩子对语言的理解能力；让孩子伴随着某种音乐或节奏等，按照大人的手势，来完成某些动作或相应的行为，等等。这些都有利于培养孩子养成倾听的习惯。

3. 对孩子进行听辨练习

要提高孩子倾听的水平，从根本上说，就必须要提高孩子的听辨能力。听辨理解力强的孩子能在听的过程中，紧跟说话者的速度，并能将听到的内容进行归纳整理，找到重点，辨出真假，理解语意，而且能听辨出对方话语中"弦外之音"，从而挖掘出对自己有利的信息，并对其加以利用。对于听辨理解力强的孩子来说，在倾听他人讲话的过程中，就能获得相关的信息。

不过，在现实生活中，有的孩子常常没有耐心，他们在听别人谈话时，往往只听到其中的一点就会不礼貌地打断他人，这就是倾听质量不高，听得不仔细、不专心、不认真的表现。对于这种类型的孩子，父母可对其进行有目的的听辨练习，让孩子去判断语言的对错，并加以改正。为了吸引孩子注意倾听，你的语速可以稍快一点儿，让孩子觉得你是在跟他做游戏。

4. 让孩子传话

当父母对孩子讲完一件事情之后，可以试着让孩子把听到的内容说出来，这样，就能弄清楚孩子是否认真地倾听。比如，孩子听完一段话或一个故事后，可以要求孩子认真回答问题。如小蚂蚁想去哪里，汽车上坐着谁等。传话法可训练孩子记忆力和倾听力，比如妈妈可以委托孩子将自己的话传给爸爸，这样就逐渐培养孩子仔细倾听的能力。

5. 教孩子一些倾听的礼仪

有时候，孩子不能认真倾听他人讲话，是因为没有掌握倾听的技巧，不懂得如何去听。这时，父母有意识地教他一些倾听的礼仪，对他养成倾听的好习惯有很大的帮助。

（1）神情专注。在倾听他人讲话时，眼睛要目视对方，通过专注的目光给谈话者以无形的激励，也是对讲话者的尊重。

（2）有所反应。在听他人讲话时，不仅要全神贯注，还要不时地通过表情、手势、点头，向对方表示你在认真地倾听。当然，也可以适时地插入一两句话，效果更佳。如"你说得对，我很赞同你的观点""请你继续说下去，我好期待下面的内容哦"等。这样会让对方觉得你对他的谈话很感兴趣，因而他会很高兴地将谈话继续下去。

（3）听有所获。聆听的目的是在听的过程中，获取信息，了解对方的意图，因此，在聆听的空隙时间里，应认真思索、回味对方的谈话，从中得到有效信息。

（4）正确判断。在聆听的过程中，还要注意谈话者的表情、情感变化，正确判断和领会其真正意图。

总之，培养孩子善于倾听的能力，使孩子养成善于倾听的习惯，有利于提高孩子的人际交往能力，因为，学会了倾听，就学会了尊重别人，也学会了与他人合作。

教导孩子学会真诚地道歉

道歉是一种美德，也是一种礼貌。有了真诚且适当的道歉，就会有良好的人际关系。不过，很多父母在教育孩子的过程中，都会遇到这样的问题，当孩子犯了错误后，就算父母指出了孩子的错误之处，孩子也不愿意承认错误，更不愿意道歉。

这是因为孩子小，缺乏辨别是非的能力，并且自制能力有限，所以很多时候即使做错了，也没有意识到自己的错误。这就需要父母及时指出孩子的错误之处，并告诉孩子错在哪里，需要如何做才正确。

比如，孩子因为抢玩具和其他小朋友打架了，这时，父母应该首先指出打架这种行为是不对的，不但身体容易受伤，还会伤了与同伴之间的友情。然后，再告诉孩子应该怎么做："儿子乖，你是一个小男子汉哦，快去和朋友道歉说声对不起吧，并试着和朋友商量一下，看看能不能轮流玩或者一起玩这个玩具吧。"

当孩子意识到自己的行为是错误的，道歉就显得顺理成章。教会孩子道歉需要一个过程，家长切不可操之过急。一些家长认为对孩子的教育要确立家长权威，这样孩子才会听话。但是简单粗暴的教育方式，只会让孩子为了逃避家长的惩罚而采取一些不正式的方式，这不但没有帮助孩子克服和纠正不良行为，反而会使孩子形成叛逆、撒谎、性情暴躁等不良性格。

面对孩子的错误，家长要调整好自己的情绪，切忌对孩子大吼大叫。孩子虽小，但也有自尊心。当孩子做了错事，父母应该先冷静下来，和孩子进行沟通，了解他为什么这样做，和孩子一起分析做错事的原因，然后再对症下药。家长可以从以下几个方面下功夫：

1. 示范道歉的规则和技能

孩子越小，家长的示范行为越重要。要想让孩子做错事后，主动承认错误并道歉，家长就要发挥榜样作用。如果孩子看到家长做错了事情主动道歉，孩子就会把"道歉"视为生活规则的一部分，当孩子自己做错事后，自然也会主动向他人道歉。

而且，家长的道歉行为本身对孩子也是一种道歉技能的示范，有时候，孩子做错事后不会主动道歉，并不是孩子不想道歉，而是他们不知该如何道歉，家长的示范刚好能帮助孩子掌握一些道歉技能。

2. 鼓励孩子道歉

当孩子犯错后，父母先不要着急去责备孩子，而要先询问孩子，为什么要做出这样的举动。其实有时候孩子的出发点是好的，只是采取了错误的表达方式而已，在这种情况下，父母就不能一味地指责孩子，而应该鼓励孩子道歉。

并且，父母要承认、接纳孩子的情绪，告诉孩子："我理解你当时的想法。"然后，父母要耐心地告诉孩子，其错在何处以及可能会造成什么样的后果。每个孩子的性格不同，其道歉方式也会不一样。当孩子以自己的方式向他人道歉时，父母要鼓励和肯定孩子："每个人都会犯错，关键是能知错就改。"并且将弥补过错的方法以及如何才能避免再次犯错的方法告诉孩子。

3. 给孩子一个拥抱

当父母对犯错的孩子进行批评后，也要适时地安慰一下孩子，主动给孩子一个拥抱，能够使孩子放松紧张的情绪，让孩子感受到父母的爱意。父母要让孩子明白，只要孩子能够主动承认自己的错误，并为自己的错误道歉，就会得到父母的谅解，这样做也会鼓励孩子敢于道歉。

4. 让孩子尝到道歉的"甜头"

在孩子学习道歉之初，父母可以给予孩子一些"甜头"当作奖励。让孩子知道道歉之后的好处，道歉不是一件被动的事情。比如，孩子不小心把牛奶撒到爸爸衣服上了，妈妈悄悄地在孩子耳边出谋划策："给爸爸道个歉，爸爸就不生气了。"在孩子开口道歉后，爸爸就果断原谅孩子，并赞赏她善于承认错误，则孩子就会体验到道歉的"神奇力量"，久而久之，孩子就会养成为自己的错误道歉的习惯。

教孩子学会真诚地道歉，并对自己的行为承担后果，不仅能够培养孩子的责任心，也有利于孩子进行人际交往。一个会道歉的孩子，才能够与他人友好地相处，同时保护自己，免受不必要的伤害。这样的孩子一般会成长得更加顺利！

让孩子懂得换位思考

换位思考是指站在对方的角度考虑问题，也叫心理换位。在人际交往中，孩子一旦学会了换位思考，就会站在他人的角度看待问题，不仅可以了解别人，获得友谊，还能让孩子更好地与他人进行沟通。

孩子只有学会了换位思考，才能克服自私自利、以自我为中心的不良性格缺陷，从而能够设身处地为他人着想，更好地理解、宽容他人。比如，站在爷爷奶奶的角度思考，孩子就容易理解老人的深情关爱和唠叨；站在父母的角度思考，孩子就能够理解父母的殷切希望与爱子之情；站在老师的角度思考，孩子就容易理解老师的严格；站在朋友的角度思考，孩子就容易感受到朋友的困难与不易之处。

然而，现代家庭中，有很多孩子都是家里的独生子女，几个大人呵护着一个孩子，很容易让孩子养成"唯我独尊"的性格。这种性格的孩子在与同伴交往的过程中，以自我为中心，在考虑问题时，习惯从对自己不利的角度出发，对自己有利的事情比较愿意去做，对自己不利的事绝不会去管。孩子的这种行为影响到他与同龄伙伴的正常交往，因为这种孩子过于自私，待人冷漠，不愿帮助别人，不懂得分享，不会与他人合作，种种性格缺陷使孩子在人际交往中受到阻碍，成为交往困难户。

日常生活中，家长不妨从以下几个方面入手培养孩子的换位思考能力：

1. 为孩子营造一个换位思考的环境

要想让孩子养成换位思考的习惯，父母首先要以身作则，为孩子营造一个换位思考的家庭环境，孩子就能从中受到启发与感染。

我国著名教育家叶圣陶很重视子女教育，他常常教导儿女说："我们生活在人群之中，要时时处处为他人着想。"有一次，叶圣陶让儿子递给他一支笔，可是儿子却把笔头给到了父亲手里。

父亲当时就教育儿子说："给别人递东西时，要想着别人接到手时方便不方便。你把笔头递过去，人家还要把它倒过来，倘若没有笔帽，有可能还会沾染人家一手墨水。剪刀一类物品更是这样，绝不可以拿刀口、刀尖对着人家，这样既不礼貌，也不安全。"

另外，叶圣陶还告诫儿女，开关房门时还要留意屋里是否有人，不能"砰"的一声把门推开或带上，要轻轻地开关，这样才不会影响到别人……就这样，叶圣陶通过日常生活中的点滴小事，教导儿女们要做一个懂得换位思考的孩子。

父母是孩子最好的榜样，我们的一言一行影响着孩子，如果父母在生活中处处换位思考，那么，孩子也会在潜移默化中养成换位思考的习惯。所以，家长一定要给孩子营造一个换位思考的环境。

2. 教孩子体验别人的感受

在生活中，一些任性、冷漠自私的孩子不懂得换位思考，很难理解别人的苦衷，不能体谅他人的困难。因此，父母可以通过教孩子体验别人的感受，来学会换位思考。这不仅能使孩子具有一颗美好的心灵，更能让孩子具备良好的教养。

其实，每个孩子都是单纯而善良的小天使，当他们意识到自己的言语和行为可能会伤害他人，给别人带来烦恼时，就会觉得不安。这时，父母应趁机教育孩子注意自己的言行，让孩子明白当自己有同样的遭遇时，也一样会伤心难受，只有如此，孩子才能学会换位思考，从而懂得体谅别人、尊重别人。

3. 玩角色扮演游戏

平时，在与孩子一起看电视或看电影时，父母可以就某个情节与孩子一起讨论，引导孩子想一想，如果出现类似的情况，你会如何处理？此外，家庭成员之间还可以适当进行角色互换，孩子与父母互换身份，加强亲身体验，形成相互理解、相互体谅的良好氛围。

也可以通过一些角色扮演的游戏，让孩子体验不同的角色，学会站在他人角度想问题，比如，在玩"过家家"的游戏中，当孩子扮演不同的角色时，就需要根据角色的不同，考虑不同的问题，完成相应的事情。

总之，在孩子成长过程中，其所表现出的自私自利、任性霸道、斤斤计较、颐指气使等行为特点，与孩子缺乏正确的引导有关。如果家长能够耐心教导，让孩子学会站在他人的角度看问题，设身处地体验别人的感受，孩子就会慢慢改掉以自我为中心的不良性格。

让孩子品尝分享的快乐

在孩子的成长中，分享可以帮助孩子得到玩伴的信任。当一个孩子具有分享、大方的性格特质时，就会在人际交往中占有优势。因为善于分享的孩子，能较好地解决交往中所遇到的问题，能够积极地帮助他人，为以后的社会交往奠定基础。相反，不愿意与人分享，具有独占意识的孩子，往往会忽略他人的存在和需要，在人际交往中会受到同伴的排斥，不利于交往的顺利进行。

父母要抓住孩子成长的关键期，从小就培养孩子的分享意识。幼儿时期的孩子在和同伴的交往中带有明显的自私倾向，自我意识处于萌芽阶段，此时期正是培养孩子分享意识的关键期。培养孩子的分享意识，家长应该做到以下几点：

1. 不让孩子吃独食

在独生子女时代，父母事事以孩子为先，一切以孩子为中心。在这种情况下，孩子只会考虑自己，一个人将好吃的、好玩的独占了，不会和爸爸妈妈、长辈分享。并且为了达到目的，孩子常常会打滚哭闹，在家里是个十足的小霸王。

在外和小伙伴相处时，也事事以自己的需求为出发点，即使是别人的东西，也想据为己有，到手后就贴上自己专属的标签，不愿再还给小伙伴。这种类型的孩子从不懂得分享，只有独占意识，他们理所当然地把好吃的、好玩的据为己有。

为了不让孩子具有独占意识，父母不能一味地宠溺、迁就孩子，家里有好吃的东西时，不赋予孩子独占的"特权"，要和孩子一起分享。

2. 营造分享的氛围

首先，父母要为孩子创设"分享"的氛围，比如，有好吃的食物不能全供孩子享用，要和孩子平等分享。也可以鼓励孩子进行情感分享，让孩子把自己看到的以及听到的有趣的事情讲给父母听，和孩子一起快乐，一起忧伤，一起分享孩子的情绪。

其次，多为孩子创设"孔融让梨"的分享氛围，让孩子体验到自己的分享行为带给家人的快乐。同时，也要对孩子的分享意识进行表扬与赞美。最后，多带孩子参与集体活动，比如，带孩子去亲友家玩，让孩子在别人家中体验分享的快乐，并且引导孩子当有客人来访时，也要将自己的东西拿出来和客人分享。

3. 让孩子明白分享不是失去而是互利

有的孩子之所以不愿意分享，是因为在他的潜意识里，他觉得如果把东西分享出去，自己就会失去这件东西。作为父母，应该理解孩子对自己物权的保护，同时，也要让孩子明白，分享其实不是失去，而是一种互利。你将东西分享给别人，别人的东西也会分享给你，这样彼此关心、爱护、体贴，大家都会觉得温暖和快乐。

4. 尊重孩子的权利，循序渐进地引导

分享是发自内心的，父母不能强迫孩子去分享东西。强迫分享不能让孩子体验到分享的快乐，不能建立起健康的分享意识。孩子年龄虽小，他也是一个独立的个体，有自己的想法和意愿，家长应尊重孩子，采取有效的教育措施，让孩子发自内心地去主动分享。

在孩子不愿分享心爱的物品的情况下，家长不能强制孩子，否则就会适得其反。父母要根据孩子的性格特点对其进行耐心引导，平时多为孩子讲一些分享的故事，让孩子建立起分享意识。并对孩子的分享行为进行表扬。

5. 创造分享机会

家长要多为孩子创造分享的机会，平时多带孩子出去玩，通过与同伴的交往培养孩子的分享意识。而当孩子能够主动分享物品时，家长一定要给予表扬，这样会让孩子受到很大的鼓舞，学会主动与人分享。

同时，父母也要让孩子注意观察与小伙伴分享的结果，让他知道，当学会和小伙伴分享时，不仅能让小伙伴开心，自己也有可能获得友谊。通过分享行为本身获得愉快的体验，进而强化分享的动机。当孩子觉得分享能使自己快乐，也能使他人快乐时，他就会具有主动分享的意识。

6. 为孩子树立一个好榜样

父母要为孩子树立榜样，有客人来家里做客的时候，要热情招待，大方地将好吃的东西拿出来招待客人；亲戚朋友遇到困难时，尽力给予援助，替别人分担一些难处等。孩子在家长行为和态度的影响下就会逐

渐学会分享。

培养孩子的分享意识，对孩子建立良好的人际关系、培养良好的道德感具有重要的意义。不过让孩子学会分享，也是一个循序渐进的过程。家长切忌采取强迫的方式，这往往会适得其反。只有采取正确有效的方法，才能让孩子建立自主的分享意识。

让孩子做一个包容的人

包容是一种优良美德，在人际交往中，一个性格宽容大度的孩子，往往能够化解矛盾，与同学朋友和睦相处。然而，在溺爱、娇惯中长大的孩子，大都自私自利，心胸狭窄，不管发生什么事情，首先考虑的是自己的感受与利益，经常会因为一点儿鸡毛蒜皮的利益而斤斤计较，不惜与他人发生矛盾和争执，更谈不上理解和包容他人了。

而更可怕的是，有的孩子与他人发生矛盾后，觉得自尊心受到了伤害，不仅心生怨恨，还会想尽一切办法对他人进行报复，这种孩子认为，你让我不舒服，我也要让你不舒服。结果触碰了法律的底线。

据新华社报道，李某是黑龙江省东宁市某中学的一名学生，他成绩优异，曾经获得学校"四小发明"的一等奖。然而，这个曾经让老师和家长引以为傲的学生，却做出了一件让人大跌眼镜的事情。

有一次，李某和同学发生了矛盾，觉得自己在其他同学面前很没有面子，便产生了报复心理。于是，他将自己研制的"邮包炸弹"扔向那位同学，结果将同学的双手拇指和脸部炸伤。事后，李某受到了学校的处分。

同学之间发生矛盾、摩擦是不可避免的事情，完全可以化干戈为玉帛，但是性格心胸狭窄的人就会产生强烈的报复心理。而这种孩子将来走上社会之后，在面临更多牵扯到个人利益的事情时，他的报复心理往往会让自己走上一条不归路。

当孩子无法包容他人，为了一点小事就斤斤计较，并且以报复的心态去面对时，就会被仇恨蒙蔽双眼，陷入无休止的烦恼之中，既解决不了问题，又会堵死前进的道路。事实上，当用包容的态度对待一切事情时，矛盾自然会化解。

包容是一种积极乐观的人生态度，孩子一旦拥有了包容的性格，就掌握了人际交往的一种大智慧，自然会受到他人的喜欢和尊重，获得更多的友谊。因此，从孩子小时候开始，我们就要培养孩子包容的性格特质。

1. 给孩子提供"包容"的榜样

父母可以将书籍、报刊、新闻中关于"包容"的名人故事说给孩子听，在这个过程中，孩子自然会受到主人公的熏陶和启发。当然，孩子学习"包容"的最好榜样就是父母。因此，在平日里，父母要以一颗包容心去面对一切人和事物，不为小事斤斤计较，不为蝇头小利而争执，更不要在孩子面前说人是非，而是尽可能多地讲一些他人的优点。另外，也要用一颗包容心对待孩子的过失和错误，以包容的态度去理解和感化他。父母多为孩子做榜样，孩子就会拥有一颗包容的心。

2. 引导孩子包容他人的缺点

世界上无十全十美的人，每个人都有这样或那样的缺点和不足，也会犯这样或那样的错误。当我们面对他人的缺点和不足之处时，要学会包容，多点耐心，才能赢得更多的朋友，人际交往也会顺利和谐。

如果孩子常常看不到他人的优点，只看到他人的缺点并进行抨击，那么，父母就要告诉孩子，每个人都不是完美的，我们自身也会有缺点和短处，所以要善待他人的缺点，不要用完美的标准去要求他人，更不要抓住他人的缺点不放，而是要有一颗包容的心，多看到他人的优点。

3. 让孩子多与同伴交往

孩子只有在人际交往中，才会发现每个人的优缺点，只有学会容忍别人的缺点和错误，才能与人顺利交往，友好相处。也只有在人际交往中，孩子才能体会到宽容的意义，感悟到宽容带来的快乐。

当然，在孩子与同伴交往的过程中，要多向比自己强的同伴学习，学习他们的优点，容忍他们的缺点。同时，也要包容比自己差的同伴，理性对待他们的缺点，并帮助他们进步。父母应引导孩子向好同伴学习，帮助"差"同伴，学会与竞争对手合作。

4. 让孩子体验一下不被包容的滋味

如果孩子缺乏包容心，常常为一些小事而斤斤计较，父母不妨让孩子体验一下不被包容的滋味。比如，当孩子犯错误的时候，我们抓住他的错误不放，对其错误进行严厉的抨击、指责，让他品尝一下其中的滋味，问一下他的感受是怎样的。

然后，再对孩子进行引导："宝贝，妈妈刚才一直批评你的错误，抓住你的错处不放，你是不是很不开心，很希望妈妈可以原谅你，包容你的过失呢？同样，你在和小伙伴玩时，若不懂得包容他人，他们也会像你现在这样难过。所以，对待他人，你一定要有一颗包容的心，容忍他人的缺点、错误，并帮助他们改正，只有这样，别人才会包容我们。"

只有孩子亲身体验到不被包容的那种难过的滋味之后，才会懂得当自己不包容他人时，他人也会如此难过，自然就会懂得包容他人了。

第八章

成长环境：把握好亲子间的性格和谐度

　　每个孩子都有属于自己的性格色彩，而家长需要做的就是观察孩子的性格类型，并且以他们所属类型的最佳发展方式来与他们相处，而不是试图改变他们的性格特质。如果家长不考虑孩子的性格类型及孩子之间的性格差别，按照统一的标准或者是按照其他类型去要求孩子，就会使孩子的心理朝着不健康的方向发展。

尊重孩子性格，亲子关系更融洽

每个孩子都是独一无二的，其性格也是各有差异。作为父母，要理性看待孩子性格中的优缺点，在尊重孩子性格的同时，挖掘出孩子性格中的能量，不断激发他们的潜能。

如果父母一厢情愿地按照自己的意愿对孩子的性格进行改造，把自己的理想标准强加给孩子，有可能会适得其反，激发孩子的叛逆心理，致使孩子的性格往不好的方向发展。尤其是将孩子的性格和别的孩子进行比较，并强制孩子进行改变，更加会伤害孩子的内心情感。

明明的妈妈喜欢活泼开朗的孩子，可是明明的性格却与妈妈的期望相反，他性格内向，喜欢安静，在班级里总是默默无闻的那个。这让明明妈妈很头痛，却又无可奈何。

有一次，幼儿园开展公开课活动，明明妈妈特别期待明明能够大胆主动表现自己，将自己的才艺展示出来。可是，明明一如既往地保持沉默，无论是老师的提问还是表演节目，明明都只做旁观者，从不举手。与明明形成鲜明对比的是，他的同桌莹莹却很活跃，不仅大胆回答老师的问题，唱歌也很好听，这让明明妈妈羡慕之余，觉得自己的儿子表现太差了。

晚上回到家，妈妈忍不住批评明明："今天在课上你为什么不回答老师的问题？你看你的同桌莹莹可比你强多了，你为什么不能向她学习学习呢？”

明明不开心地反驳道："我不喜欢上台表演节目，虽然我没回答老师的问题，但是我都知道答案，只是不想举手而已。"

妈妈皱着眉头说："我希望你是一个敢于表现自己的孩子，而不是一个不敢上台的胆小鬼。"明明听了妈妈的话，觉得很委屈。并且他开始讨厌自己的同桌莹莹，不再和莹莹说话了。而且，明明的性格也越来越内向，越来越不喜欢和同学说话。

每个孩子都不喜欢父母拿别人家的孩子和自己做比较，因为在潜意识里，他们只想做回自己，而不想做他人的复制品。就像在这个案例中，明明性格本来就内向，不喜欢表现自己，这是一件很正常的事情，也并不代表明明不是一个优秀的孩子。

明明的妈妈为了让明明变得和莹莹一样，而对其进行批评和指责，结果让明明更加沉默。如果妈妈能够尊重明明的性格，不和莹莹做比较，并对孩子进行适当的激励和引导，相信明明可以变得开朗。

每个孩子都是与众不同的，父母只需要留心观察孩子的行为动机，就能够准确判断出孩子的性格属于哪一种。父母不能将自己的主观意愿强加给孩子，更不能强制孩子改变性格。若父母非要拿孩子与其他人做比较，并要求孩子变得和他人一样，不仅不会让孩子的性格发生改变，反而会将孩子推进性格扭曲的陷阱。

每种性格都有其优缺点，父母需要做的是接受孩子的性格，适当调整自己的管教方式，这样才能充分发挥孩子的性格潜能。如果明明的妈妈这样告诉明明："妈妈知道你是一个很棒的孩子，老师的问题你都知道答案，如果你能将自己的想法和老师、同学分享一下就更好啦。"或者是"你讲故事很棒的，如果你能把你会讲的故事讲给同学听，同学一定会很开心的，也会愿意和你做朋友的。"这样，相信明明就会愿意去尝试着表现自己，敞开心扉。

每个孩子都具有与生俱来的天赋，作为父母，要善于发现孩子的天赋并加以正确的引导，给予孩子充分的尊重与理解，而不能以自己的想法去塑造孩子、改变孩子。当然，把握一些原则、匹配亲子性格，可以在一定程度上，让亲子关系变得更加融洽。那么，父母该如何做呢。

1. 承认孩子的性格差异

作为父母，应该承认孩子的性格差异，接受孩子的与众不同。在很多父母眼里，认为孩子就像外星人一样，他们的行为和做事方式总是令人费解。事实上，父母眼中的另类也许在同学或朋友眼中是个性独特的表现。所以，父母与其苦恼于"为何孩子这么另类"，不如接受"我的孩子性格非常独特"的想法。父母只有真正接受孩子的性格，才能协调好亲子之间的性格差异。

2. 放弃对理想性格的期待

父母总是期待孩子变成心目中理想的样子，比如，看到孩子沉默寡言就期待他能言善辩，看到孩子害羞内向就希望他开朗活泼，看到孩子活泼好动就希望他沉稳安静。其实，每种性格本身都有其独特的魅力和优势，父母若拔苗助长，强行改变孩子的性格，只会阻碍孩子个性中优点的发展。事实上，父母只有充分挖掘出孩子性格的优势，才能让孩子拥有与众不同的人生。

3. 善于观察孩子

日常生活中，父母要多用眼睛去观察孩子，发现他们的天生性格。每个孩子都有自己的兴趣点，以及性格中的独特之处，因此，父母要想与孩子的性格相匹配，就要善于观察孩子，了解孩子的性格。

4. 多赞美孩子的长处

每一种性格都有优缺点，父母要多发现孩子的性格长处，并对其进行赞美。只有让孩子按照其天生性格成长，他们才能感到快乐，才能充满自信。不过，承认孩子的天生性格，并非把孩子培养成父母所期待的样子，而是帮助孩子把性格中的长处与优势激发出来，也就是把他们独特的气质充分地发挥出来。

因材施教，教育方法不能复制

每个孩子都有其独特的天赋、兴趣和个性，而在这些性格特质中，总有一种或者几种是积极正面的，也会有一种或者几种是消极负面的。父母只有根据孩子的性格特点，因材施教，做到扬长避短，才能获得较好的教育效果。

但是，现在的很多家长由于受到固有观念的影响，常常把自己的意愿强加给孩子，而不考虑孩子的主观意愿。比如，孩子的性格活泼好动，喜欢演讲、主持等才艺，而父母为了让孩子能够安静一些，偏偏把孩子送去学美术或弹钢琴；而有些孩子性格内向害羞，喜欢钢琴、美术等才艺，父母怕影响孩子今后的人际交往，于是就把孩子送去学主持或演讲。

父母违背孩子的意愿，按照自己的想法去改造孩子，让孩子去学一些自己不擅长的技能，结果却并不如意。其实，不论拥有什么性格或者爱好的孩子，都有自己的特色。父母只需根据孩子的性格类型，找到与他们相匹配的教育方式，而不是试图改变他们的性格特质。如果父母忽略孩子的性格类型以及孩子的性格特质，按照统一的标准或者是按照其他类型去要求孩子，就会影响孩子的心理健康。

娇娇和甜甜是一对双胞胎，但是性格却有天壤之别。娇娇性格开朗，喜欢争强好胜，每次考试都想考 100 分，成为班级第一名。她喜欢得到老师和父母的表扬，这让她觉得是一件非常骄傲的事情。

并且，娇娇在受到表扬以后做事情更积极，也会做得更好。但她不喜欢受到批评，尤其是老师或妈妈当面批评指责她时，娇娇情绪就十分低落，觉得很没面子。

而甜甜呢，性格安静内向，不善于表达，喜欢一个人静静地在房间里画画，不喜欢被他人打扰。并且，她很有自己的想法，哪怕是衣服都要自己选择，不愿意和娇娇穿得一样。但是甜甜很不自信，即使得到表扬也对自己持质疑的态度，一定要追问妈妈她哪里做得好才肯罢休。

不过，甜甜能够非常虚心地接受妈妈的批评，就算是妈妈当着其他人的面批评她，她也不会觉得难过，反而会反省自己哪里做得不好。

针对两个孩子的不同性格，妈妈采取了不同的教育方式。比如，妈妈从来都是当众表扬娇娇，如果她犯错需要批评时，妈妈会在私底下委婉地提醒她需要注意哪些事项。对于甜甜呢，妈妈会很关注她内心真实的想法，关于她的事情，妈妈不会替她做决定，而会征询她的意见。在表扬甜甜时，妈妈会主动告诉甜甜哪里做得比较好，以及表扬她的原因等。

就这样，妈妈按照各自的性格优势去培养娇娇与甜甜，一个是幼儿园里的小歌手，一个是幼儿园里的小画家，同学家长都很羡慕妈妈有两个优秀的女儿。

在这个案例中，妈妈尊重孩子的性格差异，并且对两个孩子采取不同的教育方式，因材施教，充分挖掘了孩子性格中的潜能，从而使孩子变得更优秀。

在孩子成长过程中，会受到家庭教育、学校教育和社会教育等方面的影响。而家庭教育与学校教育、社会教育相比，其优势就在于能够将一般性的教育变为个性化、个别化的教育。这就说明，家庭教育更能够实现因材施教。因为父母是孩子的第一任老师，也是孩子最亲密的人，在教育的过程中，能够及时掌握孩子的心理变化，发现孩子性格中的优势部分，并采用孩子内心最能够接受的方法去教育孩子。

这种教育需要家长的耐心与智慧，就像案例中娇娇与甜甜的妈妈一样，她能够看出两个孩子的不同之处，并能够思考用怎样的方式才能使孩子接受表扬与批评，并将此作为孩子成长道路上的助力。

只有掌握孩子的性格类型，了解孩子性格上的优缺点，才能够根据孩子的个性、兴趣、爱好等进行循序渐进的教育。比如，对于性格比较内向的孩子来说，他们更擅长从事艺术性和需要思考的工作，因此，父母可以从音乐或美术等方面来培养孩子；对于性格外向的孩子来说，他们擅长从事与人际交往关系密切的工作，例如演艺、企业管理等，这些工作需要较强的沟通能力和开朗的性格，比较适合性格外向的孩子。

总之，在教育孩子的过程中，教育方法不是一概而论的，父母只有根据孩子的性格特点来培养孩子，做到因材施教，才能充分发挥孩子的优势，取得好的效果。

父母教养方式对孩子的影响

每个孩子都有属于自己的性格色彩。然而，现实生活中，不少父母一厢情愿地按照自己的性格教育孩子，把自己的主观意愿强加给孩子，结果不但影响孩子一生，还往往令自己疲惫不堪。

在孩子的成长过程中，父母对其的影响最大，而父母的教育方法又直接影响着孩子的性格发展。在有些家庭中，父母对孩子的教养方式已经出现了很大的偏差。比如，有的父母爱子心切，一切以孩子为主，把孩子宠得无法无天；有的父母认为孩子的成长需要自由，父母无须管教太多，于是对孩子实行放养；有的父母认为教育孩子要严格，要充分体现家长的权威，于是事事强制孩子。然而，不管哪一种教育方式都会对孩子的性格造成深远的影响。

美国加利福尼亚大学教授、心理学家鲍姆林德曾经针对父母教养模式与孩子性格特点之间的关联进行了长达 10 年的研究。他首次是将学前儿童按个性（儿童的独立性、自信、探究、自我控制、交往等方面）成熟水平分出最成熟的、中等成熟的和最不成熟的三组，然后对这三组儿童父母的教养水平从 A：控制；B：成熟的要求；C：父母与儿童的交往；D：教养四个方面进行评定。

评定结果显示，最成熟组儿童的父母教养水平最高，最不成熟组儿童父母得分最低。于是，鲍姆林德将这三组儿童的父母教养方式分别称为权威型、专制型和娇宠型。

随后，鲍姆林德又进行了第二次和第三次的实验研究，这两次实验他采用与第一次实验相反的研究程序，对权威型、专制型和娇宠型这三种不同教养类型父母的幼儿做个性评定，等这些儿童长到 9 岁时再做一次个性评定。

实验结果发现，在这三种教养方式中，权威型父母的孩子在认知能力和社会能力发展方面都胜过其他两组儿童；专制型父母的孩子发展一般；娇宠型父母的孩子在认知和社会能力方面都比较弱。

实验结果显示，权威型的教养方式更适合孩子的发展。此后，在进一步的研究中，鲍姆林德根据教养方式的两个维度，即要求和反应性，把父母的教养方式分为权威型、专制型、溺爱型、忽视型四种。

1. 权威型

"权威型"父母在教育孩子时，对孩子有较高、较严的要求，但要求一般都比较合理。他们在教养孩子的过程中，有明确的行为目标和准则，而对于孩子不合理的任性行为，他们不会包容，会及时做出纠正，并督促孩子努力达到目标。

当然，权威型父母在对孩子有较高要求的同时，也会对孩子展现自己的爱，他们适时地关心孩子的生活，了解孩子的内心世界，倾听孩子的心声，当孩子遇到难题时，他们会激励孩子战胜困难。

"理性、严格、民主、关爱和耐心"是权威型父母的教育理念，在这样的教养方式下，孩子养成了自信、独立、合作、积极乐观、善社交等性格品质，这些优良的性格品质使孩子受益一生。

2. 专制型

专制型父母的教育理念是"严格、服从"，此类父母在教育孩子时比较霸道，喜欢拿自己的标准来要求孩子，而不考虑孩子的接受能力。他们认为，孩子还小，一切都得按照父母的指示行事，完全不在乎孩子的意见和感受，并且对孩子也缺乏热情和关爱，即使对于孩子优秀的一面，他们也不会及时给予鼓励和表扬。在这种"专制"下，孩子容易形成对抗、自卑、焦虑、退缩、依赖等不良的性格特征。

3. 溺爱型

溺爱型父母的教育理念是"无条件的爱和包容"，他们事事以孩子为主，无条件满足孩子的各种需求，却很少对孩子提出要求。因对孩子过度的溺爱而把孩子养成了"小皇帝、小公主"。这些孩子会随着年龄的增长，变得依赖、任性、冲动、幼稚、自私，做事没有恒心、耐心等，这些不良性格特征给孩子带来消极负面的影响。

4. 忽视型

忽视型父母对孩子采取放养的教育方式，给予孩子充分的自由，很少对孩子提出要求和行为标准，也很少将精力放在孩子身上，对孩子比较冷漠，缺少对孩子的教育和爱。在这种教养方式下，孩子缺乏安全感，待人自私冷漠，自控能力低下，情绪消极等，还会有其他的不良心理特征。

在这四种教养方式中，"专制型"教养方式会导致孩子依赖性高，无主见，做事犹豫不决；"溺爱型"会使孩子缺乏创新能力，影响孩子创造性思维和个性发展；"忽视型"会使孩子自私冷漠，缺乏安全感。

而"权威型"教养方式比较利于孩子的成长，因为在这种教育方式下，孩子思维活跃，具有想象力、控制力和自主性，积极乐观，人际交往能力强。因此，"权威型"教养方式是一种理性且民主的教养方式，有益于孩子的成长。

总之，父母的教养方式对孩子的发展有着深远的影响。为了孩子的健康成长，父母应该创造一个温暖、宽松、民主的家庭教养方式。

权威型：坚守底线，实现高质量陪伴

从发展心理学角度出发，在四种教养类型里，"权威型"教养方式是最成功的。因为权威型父母在教养孩子的过程中，虽然会使用自己的权威，但是仍然会对孩子表达爱与关心。这类父母对孩子的期望值也很高，却是符合孩子的年龄与能力的。并且，他们尊重孩子的选择和决定，给予孩子充分的自主权，当孩子遇到困难时，他们会全力支持孩子。

正是这种较为民主的教育方式，使得孩子与父母的关系比较亲密，孩子则将父母视为最值得信赖的人之一，愿意将自己的心理想法和父母分享。孩子从而容易养成自信、自律、较少叛逆、更负责任的性格。由此可见，在"权威型"教养方式下，孩子更有利于养成良好的性格。

孩子的成长既需要爱和自由，也需要用管教和规则来约束自身的行为。倘若没有任何规则和约束，任由孩子成长，那么孩子就有可能养成不良的行为习惯。那么，父母应该怎样树立对孩子的权威呢？

1. 坚守底线，不轻易让步

虽然大众观念认为孩子应该听从父母的管教，父母在孩子面前要有权威性。但是，父母的权威不是天生的，而是在教育孩子的过程中形成的。这就要求父母温柔而坚定地守住自己的底线和原则，不妥协、不放弃，耐心而坚定地树立自己的权威。

比如，父母对孩子设置了某个规定，就一定要监督孩子执行，当孩子不遵守规则时，就要对孩子进行处罚。如果父母对自己所提的要求和底线都不能坚持，孩子就很容易学会钻空子。

当孩子出现叛逆的行为时，父母不能强制性地逼迫孩子听从自己的话，应该耐心地等待孩子，用自己的坚持和决心去影响孩子，当孩子看到父母不轻易妥协时，就会断了不顺从的念头。

孩子虽小，但也具备察言观色的能力。如果父母轻易向孩子妥协，那么孩子就会抓住父母的软肋，一次又一次地不遵守父母制定的规则。那么，最终摧毁的就是父母在孩子心中的权威和地位。

2. 学会沟通，实现高质量陪伴

想成为一个权威型家长，还要懂得与孩子的沟通技巧，实现高质量陪伴。高质量的陪伴就是用心地、真诚地陪伴孩子。在陪伴的过程中，关注孩子、了解孩子、尊重孩子，并给予孩子成长发展中必要的支持和引导，而亲子阅读是实现高质量陪伴的最好的一种方式。

因为通过亲子阅读能使亲子间的关系变得融洽。父母可以每天抽出时间和孩子一起阅读，这会让孩子觉得父母对他的重视，被父母尊重和重视是孩子自信心的重要来源。并且，通过亲子阅读，也方便父母与孩子之间进行情感交流和心灵的沟通，从而拉近彼此的距离。因为通过故事里面的情节能让父母站在孩子的角度考虑问题，理解孩子的行为，从而尊重孩子的决定。也可以让父母通过书本向孩子传递积极正面的世界观、人生观和价值观，使孩子收获精彩的人生。

3. "逻辑后果"需要预先设定

权威型父母的另一种管教方式便是"逻辑后果"预先设定。即父母事先和孩子设定好规则，当孩子违背规则或有不正当行为时，就会面临什么样的惩罚。比如说："如果作业没完成，就不能看电视。""如果把东西打碎了，就要做清洁。" "考试如果粗心了，回家就要抄写

10 遍。"

父母有责任将自己的底线和原则告诉孩子，而这些底线和原则孩子必须遵守，如果不遵守，孩子就要为自己的行为举止承担责任。为孩子设定界限，不仅会让孩子学会约束自己的行为，也会让孩子知道应该为自己的行为负责。

4. 原谅对方，也请求对方原谅

每个人都会犯错，无论是父母，还是孩子都要学会原谅他人，同时也要请求对方的原谅。比如，当父母的行为对孩子造成伤害时，一定要真诚地对孩子说声："对不起，我错了，你可以原谅我吗?"同样，当孩子做错事时，也要向父母道歉，并请求父母的原谅。

父母的权威往往是建立在爱和真诚的基础上，"你能原谅我吗?"一句看似简单而又真诚的话语，常常能化解双方的矛盾，从而能使事情往正确的方向发展。因此，父母在管教孩子的过程中，若有不当的行为，也要及时对孩子说这句话。

5. 顺应孩子的天性，尊重孩子的选择

孩子虽小，作为一个独立的个体，有独立的思想，需要得到父母和他人的尊重。这就要求父母在家庭教育中，要顺应孩子的天性、尊重孩子的选择。父母要做到这几点：

学会倾听孩子，给孩子表达意见的机会，不对孩子采取强制性措施；给孩子独立的权利和机会，不事事替孩子包办；不要随意贬低孩子，更不要拿自己孩子的短处去和别的孩子的长处进行比较；尊重孩子的隐私，不偷看孩子的日记，不偷听孩子的电话和偷看孩子的短信；尊重孩子的选择，不强迫孩子接受父母的安排。

总之，父母对孩子的教育是一个长期的过程，需要多些耐心和细

心，多倾听孩子的心声，尊重孩子的选择，及时发现孩子成长过程中出现的问题，随时修正自己的教养方式，并找到与孩子性格相适应的教养方式，只有这样，孩子才能够健康茁壮地成长。

专制型：适当放手，给孩子自由空间

在中国，也许是受传统教育的影响，专制型的父母比较多，这类父母的教养方式主要特点是对孩子要求比较严格，喜欢按照自己的思路来塑造和要求孩子，并要求孩子无条件地服从，却很少照顾孩子的感受。这类父母通常具有如下行为表现：

1. 高标准、严要求

专制型父母通常对孩子有比较高的要求，觉得自己的孩子天生就有能力成为一个优秀的人，没有理由不如人。如果感觉孩子达不到自己的预期，他们会很心慌、焦虑。因此，他们喜欢拿自己的孩子和别人的孩子做比较，给孩子施加种种压力，而不考虑孩子的自身能力是否能够承受得住。一旦发现孩子达不到自己的预期，他们会很愤怒，觉得恨铁不成钢，这个时候，他们往往会忽略孩子本身的年龄特性和成长过程，眼里只看得到结果。

2. 有条不紊很坚定

专制型父母通常会给孩子灌输这种思想：做事情要么不做，只要做了，就一定要高质量地完成。他们通常会让孩子坚持不懈地完成一件事情，因此，兴趣班能坚持下来的孩子，多数都拥有专制型的父母。如果没有父母的坚持，孩子很难坚定不移地做一件事情，也很难在某个方面取得进步。

当然，父母的霸道、高压、绝对、高强度的目标性，常常会给孩子带来莫大的压力，从而很大程度地降低孩子学习的乐趣。多数孩子在父母的逼迫下，被动地去做一件事情，积极性不高。

3. 缺少耐心爱冲动

专制型父母喜欢乖巧听话的孩子，不能容忍孩子的倔强、叛逆和顶嘴。在家里，他们就是发号施令的老大，不允许孩子顶嘴和反抗。他们最喜欢对孩子说的一句话是：我们是你的父母，做任何事情都是为你好，所以，你得听我们的。

若孩子不听从父母的意见，或者提出反对意见，专制型父母往往会暴跳如雷，或批评、或指责、或打骂孩子，目的是让孩子屈服。他们的情绪控制力比较差，很少会耐心地听孩子讲话，当孩子提出意见时，他们也会主观地认为孩子是在找借口。

4. 说一不二爱唠叨

专制型的父母通常把自己的主观意愿强加到孩子身上，并要求孩子无条件地接受和服从。他们总是希望自己说一遍，孩子就能马上遵从，否则他们就会不停地催促，直到孩子行动为止。这种父母给孩子最大的感受是"太唠叨"，听得多了，孩子也会发明一套"免疫系统"来抗拒唠叨，由此导致的结果是，父母越唠叨，孩子越不听。

从心理学的角度来看，专制型父母其实是一种自身缺乏安全感的表现，他们希望通过控制孩子来强化自己的安全意识。可是，这种教养方式往往会给孩子带来以下伤害：

伤害一：让孩子失去自我，意识不到自己的权力

从 2 岁起，孩子的自我意识开始萌芽，并喜欢按照自己的意愿去做

一些事情。比如，自己吃饭、自己拿玩具、自己出去玩等。这本来是一件好事，意味着孩子有了自己的思想，若父母处处限制孩子的行为，就会让孩子失去自我，毫无主见。久而久之，孩子就会像个提线木偶一样，成为事事依赖父母的小人儿，父母让做什么，就去做什么。这虽然符合父母的期望，却完全失去了自我，缺乏独立思考、独立自主的能力，性格变得懦弱、无主见。

伤害二：活在别人的眼中，在意别人对自己的看法

父母如果不管孩子的要求是否合理，都予以拒绝，事事要求孩子按照自己的意愿去做事情，否则就批评、责骂孩子，孩子的性格就会变得胆小怕事。并且，孩子若长期生活在没有自由的环境中，就会失去自我，事事都小心谨慎，他们内心希望得到父母的认可，就只能忽略了自己的想法，选择顺从父母的意见，因为他们知道，只有乖乖听话才会得到父母的喜欢。

因此，这样的孩子总是活在父母的阴影中，十分在意他人对自己的看法，养成委屈自己、讨好别人的性格，这种性格的孩子往往无法活出自己的精彩。

伤害三：人生没有目标，没有动力，活得没有价值观

新闻上有这样一则报道：有一个男孩以优异的成绩考上了复旦大学，他的父母在向亲朋好友分享教育心得时，得意扬扬地说："教育孩子的过程就是一个同孩子斗智斗勇的过程，和孩子斗争了十多年，孩子终于如愿以偿地考上了一所好的大学。我觉得孩子从小就得严格教育，一定要把孩子管得死死的，他们才能全力以赴地去学习。"

然而，妈妈眼中的乖巧听话的男孩在进入大学后，由于好几门功课成绩不及格，即将面临退学。原来这个男孩进入大学后，由于没有父母

的管控，完全放飞自我，经常旷课，在宿舍打游戏，睡懒觉，导致学习成绩一塌糊涂。

生活中，有很多孩子有上述男孩同样的经历，读大学之前，一直生活在父母的高压之下，他们迫于父母的压力而学习，觉得学习只是为了完成父母的任务，让父母开心。而当进入大学后，远离了父母的督促，他们就会放飞自己，随着自己的性子来，在学习上毫无主动性，不求上进，迷茫地过着每一天。

伤害四：成为控制欲更强的人

小时候，孩子的羽翼还没有丰满，会暂时屈服于父母的强制力，而随着他们长大，尤其是进入青春期后，就会变得十分叛逆，事事与父母对着干，极力摆脱父母的控制。并且，他们也会在父母的耳濡目染下，学会父母的"专制"，并以此来控制身边的人，因为在他们的潜意识里，只有控制住了他人，自己才能获得自由，这也是很多父母认为青春期孩子难以管教的原因。

由此可见，专制型父母对孩子的性格影响是巨大的，而为了亲子关系和谐，专制型父母需要做出以下改进：

1. 留有空间少约束

专制型父母非常有责任心，他们会竭尽全力去教育孩子，希望把孩子打造成优秀的人才。但是，在管教的过程中，他们往往分不清自己和孩子之间的界限，事事亲力亲为，无论大事、小事都会替孩子做决定。因此，专制型父母要学会放手，给孩子留出自主抉择的空间，不能什么事都替孩子做决定，要让孩子做些他们力所能及的事情。当然，如果父母担心孩子不能把事情做好，可以从旁跟进孩子做事情的进度，如果孩子遇到解决不了的困难，父母可以伸出援手，帮助孩子解决困难。

父母需要注意的是，若太过强势，就会弱化孩子的性格，成为孩子自主成长的障碍。因此，父母应该放下架子，不要总想着去支配孩子。多鼓励孩子，学会忽略孩子成长中一些错误，别对孩子提太多要求，别对孩子管得太细致、太严格，允许孩子犯错误。

2. 关注孩子的情绪

专制型父母常常比较自我，不能体会到孩子的情绪变化和需求，因此，这类父母不能给予孩子渴望的爱和安抚。事实上，在孩子成长中，最需要的是父母"爱的承诺"。虽然，专制型父母爱孩子，但是却不能让孩子感受到自己的爱。这就需要父母去倾听孩子的心声，满足孩子的心理渴望。尤其在孩子进入青春期后，更需要父母的温柔体贴。这个时期的孩子比较叛逆，不喜欢被父母管束，也不太愿意和父母交流，此时，父母一定要多关心孩子，并关注孩子的情绪变化，多站在孩子的角度考虑问题，把注意力放在孩子的心灵需求上，从而会让孩子和自己更贴心。

3. 拥抱亲吻别吝啬

专制型父母常常给孩子的印象是比较严肃，表面上不喜欢和孩子有过多的亲昵表示，当然这不表示他们不爱孩子，也正是因为他们爱孩子，才会对孩子比较严厉。但是，对于孩子来说，希望得到父母的关注，喜欢腻在父母身边，并且很享受父母的爱护。他们认为，父母关切的语言，亲密的吻和爱抚的动作，才是对孩子爱的体现。

尤其对于敏感的孩子来说，父母是否爱他们往往取决于父母的行为。父母的一个微笑、一句亲切的话语，往往会是他们开心的源泉。因此，为了一个持续良好的亲子关系，父母千万不要吝啬对孩子进行亲吻和拥抱。

溺爱型：设定界限，不越俎代庖

在家庭教育中，溺爱现象十分普遍。溺爱型父母天天为孩子服务，心甘情愿做孩子的保姆。比如，清晨起床时，有的父母匆匆忙忙地帮孩子穿衣服、叠被子、整理书包、准备学习用品；去学校途中，帮孩子背书包，牵着孩子的小手生怕她摔着；吃饭时，帮孩子把饭盛好，给孩子夹她喜欢吃的菜；吃完饭，帮孩子洗手、洗脸；孩子学习时，做孩子的小帮手，端茶递水；孩子睡觉时，帮孩子脱衣服、盖被子……

溺爱型父母就是孩子的贴身保姆，恨不得一天 24 小时都为孩子服务。他们总认为孩子还小，事事需要自己的照顾，小到穿衣吃饭，大到交友就业结婚，只要父母能代劳的，一律包办，孩子无须自己去解决问题、无须动手就可以得到一切。

例如，在热播的《变形记》中，有一个女孩叫刘思琪，16 岁的她出生于城市，是父母的掌上明珠，从小集全家宠爱于一身，花钱没有节制，生活更是不能自理：吃饭时需要人喂，衣服要妈妈给穿，指甲要妈妈剪……在爸爸妈妈的宠爱下，16 岁的刘思琪成了一个"衣来伸手、饭来张口"的巨婴。刘思琪的行为引起了关于家庭教育的热议。

父母爱子本无可厚非，但要适度，若事事替孩子包办，就会让孩子失去生活自理能力，产生严重的依赖心理，缺乏独立精神。从表面上看起来，溺爱型的父母真的很伟大，为了孩子宁愿牺牲一切。但实际上，这种爱却是一种父母对子女的畸形的爱，是一种不利于孩子身心健康发展的爱。因为过分溺爱会严重影响孩子认知、情绪和行为习惯的发展。

（1）认知方面。在溺爱环境中长大的孩子，事事以自我为中心，长此以往，形成一种"唯我独尊"的意识，认为所有人都应该以他为中心，为其服务。并且，由于父母无条件满足孩子的需求，导致孩子难以接受别人的拒绝和否定，心理脆弱，逆商较低。

（2）情绪方面。在溺爱中长大的孩子，性格比较任性，脾气暴躁，情绪稳定性差。尤其是当他人无法满足自己的要求时，孩子的内心就非常愤怒，就会通过发脾气，甚至摔东西来表达自己的不满。

（3）行为习惯方面。溺爱型的教养方式削弱了孩子社会化的速度和程度，使得孩子动手能力较差，也缺乏独立思考的机会，导致孩子出现懒惰、依赖性高、不守规矩等坏习惯。

中国现代儿童教育家陈鹤琴先生说："当父母是世界上最大的事，正确的家庭教育理念帮助父母对孩子进行正确的家庭教育。"心理分析学家菲利普·格兰贝尔指出，不断累积的父母的爱会支撑孩子的一生，可是如果太溺爱，就会使孩子产生这样的信念："整个世界都必须在我的脚下。"

显而易见，父母的过度溺爱是孩子成长的绊脚石，在溺爱的环境下，孩子容易形成"唯我独尊"的不良品质，这不利于孩子的抗挫能力和责任感的培养与发展。这正如法国教育家卢梭所说："你知道运用什么方法，一定可以使你的孩子成为不幸的人吗？这个方法就是对他百依百顺。"那么，溺爱型家长在养育孩子时，要做哪些改进呢？

1. 设定不可让步的底线

父母在教育孩子时，要设定界限，让孩子明白，自己应该遵守哪些底线以及超界所应受到的惩罚。当孩子心中有了界限意识，在做事情时就会采取审慎的态度，看看是否超出了父母给定的界限。

父母为孩子设定的界限应该从日常生活做起，比如要求孩子按时起床睡觉，按时吃饭、做作业，玩具不乱买，不通过哭闹来要挟父母满足自己的需求等，通过让孩子遵守一些行为准则，引导孩子养成良好的行为习惯。在规则设立初期以正面强化为主，让孩子逐步适应。当规则被内化成自然的时候，就会收获意想不到的效果。

2. 不要越俎代庖

父母应该学会放手，孩子有能力做的事情，就让孩子自己去做；孩子遇到了困难，就让孩子自己去想、去解决，实在解决不了家长再帮着解决。多遇事，孩子才会提高解决问题的能力；多受挫折，孩子才会增长抵抗挫折的本领。并且，在教育孩子的过程中，父母双方要达成一致意见，不能爸爸说可以，妈妈说不可以，或者爸爸在批评孩子时，妈妈却护着孩子。这种不统一的教育方式不利于孩子的成长。

3. 让孩子懂得父母的辛苦

父母应该让孩子懂得父母的辛苦，比如在和孩子的交流中，可以给孩子讲述工作的辛苦，好的生活来之不易等，不要让孩子觉得，现在所享受的生活不需要奋斗、理所当然，要让他们从小懂得生活需要奋斗。同时，还要多鼓励孩子自己的事自己做，多引导孩子参与到家务劳动中，并对孩子的劳动成果及时给予肯定和表扬，营造劳动的愉快气氛，与孩子一起快乐做事。

4. 鼓励孩子面对挫折

当孩子具备一定的行为能力时，父母应鼓励孩子多动手，自主去做一些力所能及的事情，以此来培养孩子的良好行为习惯。事事包办，孩子的依赖心理、畏惧心理就会随之而生。此外，还应鼓励孩子多发表自己的看法，事事要多思、多想，对于孩子的想法或见解，父母要多支持，可以陪着孩子一起去实现他的小想法。当孩子遇到困难或挫折时，鼓励孩子要勇敢、坚强地去面对，并树立起越挫越勇，坚持不懈的正确人生观。

总之，溺爱的本质是管制、包办，这是一种不理智的爱，不利于孩子身心健康发展。要想孩子健康成长，父母就要学会放手，给孩子自由、支持、信任，在父母的正确指导下，让孩子走在自己的路上。

忽视型：陪伴孩子，满足合理需求

何为忽视型的家庭教养方式？美国发展心理学教授鲍姆林德认为，忽视型家庭教养方式是指在孩子成长过程中，父母完全放手，对孩子既不予管教，也不对孩子提出任何要求，严重缺乏对孩子爱的满足和规矩要求的一种教养方式。

和专制型教养方式相反，忽视型父母对孩子的要求较低，基本不对孩子提出任何较高的期望和要求，也不对孩子的行为表现给予评价和指引。在与孩子相处时，比较冷漠，即使孩子对父母提出请求，父母也没时间理他。他们不愿在孩子身上耗费时间和精力，如培养儿童良好的学习习惯、恰当的社会行为等，这些父母很少去完成。

由于长期缺乏家庭教育，在这种教养方式下长大的孩子行为规范意识淡漠，不懂礼仪规矩，没有远大的人生理想，也不喜欢被校园生活约束，学习成绩和自控能力较差，当受到外界不良影响时极易走入歧途。因此，这类孩子在青少年时期出现不良行为的概率较高。

小怡出生于一个富裕的家庭，爸爸妈妈长年在外经商，非常忙碌，无暇照顾她。后来，小怡被送回老家和奶奶一起生活。但奶奶年事已高，又体弱多病，且文化水平有限，只能照顾小怡的生活起居，却无力对她进行管教。

远离父母的小怡活得自由自在，父母除了定期汇款任她支取之外，从不过问她的学习生活状况。因此，小怡每天想干什么就干什么，她经常逃学沉迷于网络游戏。受网络娱乐影视影响，小怡喜欢追星和攀比名牌，每天把自己打扮得花枝招展，完全不像一个学生。为此，老师经常做小怡的思想工作，也多次向其父母反映她的情况，希望父母能够加强对她的教育。可是，小怡父母每次都说自己工作忙，无法抽身回来管教小怡。

后来，小怡由于在校外结交了一些不良社会青年，开始夜不归宿，不但欠下许多债务，而且18岁不到就未婚先孕。当她挺着肚子站在奶奶面前时，奶奶自责地打电话了告诉了小怡爸妈，并且由于愧疚攻心，从此一病不起。

小怡父母回到家中，抱着怀孕的女儿痛哭，此时，他们后悔不该把小怡放到老家，没有尽到做父母的责任，但是已经悔之晚矣。

由此可见，忽视型家长对孩子的影响是很大的，甚至可以说是一种精神上的冷暴力。长期在这种家庭教养方式下成长，会对孩子造成以下几个方面的伤害：

1. 让孩子缺乏安全感

当父母不断忽视孩子的需求，孩子得不到家庭的爱和温暖，就会缺乏安全感而产生自卑心理。使得孩子在人际交往方面受到困扰，不敢主动去结交朋友，同时也因为性格冷漠而不易与人相处。

2. 情绪波动异常

父母长时间忽视孩子的情绪，孩子的情绪管理能力就会比较弱，易发怒，大吼大叫，脾气暴躁。当别人一旦触碰到他的底线情绪就会失控，往往在冲动之下做出一些错误的事情。

3. 让孩子养成坏习惯

当父母对孩子错误的行为置之不理时，孩子就会缺乏是非观念，认为自己做的没有错，依旧会用同样的方式去做，当别人提醒他的时候，他却认为别人的看法是错误的，进而也会造成和别人的矛盾，影响同伴之间的交往。

作为父母，不仅要为孩子提供衣、食、住、行等方面的物质条件，还得关心孩子的身心健康。每个孩子自出生起，接触最多的环境就是家庭，接触时间最长的人就是父母，父母是孩子的榜样，他们的一言一行都成为孩子学习和模仿的对象，对孩子有重要的影响。

家庭教育专家约翰·戈特曼说："最好的教育源自内心，体现在日常生活中的每时每刻。孩子的每一次激动、悲伤、愤怒或者害怕，你都要陪伴他们度过。为人父母其实就是要在孩子最需要你的时候以他最重要的方式去帮助他。"那么，怎么避免成为"忽视型"的家长呢？

1. 陪伴孩子，满足需求

作为父母，即使工作再忙碌，也要对孩子尽到自己的责任与义务。最好每天都能抽出一定的时间陪伴孩子，答应孩子的事情一定要兑现承诺，不能失信于孩子。因为客观原因不能履行承诺时，要向孩子说明，或者用其他的方式来补偿，等到时机成熟的时候再去兑现承诺。

2. 观察孩子，了解情绪

父母不仅需要了解孩子的物质需求，还要了解孩子的精神需求，及时关注孩子的情绪变化。当孩子情绪异常时，要及时去了解原因，安慰孩子，给予一个拥抱。当孩子因为与其他小朋友发生矛盾而闷闷不乐时，父母先不要去干预，试着鼓励孩子自己去解决矛盾，若解决方法不对时，要及时给予指导与纠正。

3. 发现问题，及时制止

当发现孩子行为有异常时，父母要及时了解原因，并对孩子错误的行为及时纠正与制止。同时在日常的生活中，家长也要严格把控自己的行为，为孩子做一个好榜样。

很多时候，家长在不知不觉间忽视了孩子，却并没有意识到自己的行为对孩子造成的伤害，甚至主观片面地认为自己的做法是对的，长此下去必然会影响孩子的成长，因此家长要及时了解孩子行为异常的原因，这样才能让孩子健康快乐地成长。